甘肃主要栽培牧草与天然草地植物图谱

◎ 田福平　胡宇　陈子萱　主编

中国农业科学技术出版社

图书在版编目（CIP）数据

甘肃主要栽培牧草与天然草地植物图谱 / 田福平，胡宇，陈子萱等主编. —北京：中国农业科学技术出版社，2019.1

ISBN 978-7-5116-3994-3

Ⅰ.①甘… Ⅱ.①田… ②胡… ③陈… Ⅲ.① 天然牧草—甘肃—图谱 Ⅳ.①S54-64

中国版本图书馆 CIP 数据核字（2018）第 295160 号

责任编辑　穆玉红
责任校对　贾海霞

出 版 者　中国农业科学技术出版社
　　　　　北京市中关村南大街12号　　邮编：100081
电　　话　（010）82109705（编辑室）　（010）82109702（发行部）
　　　　　（010）82109709（读者服务部）
传　　真　（010）82106625
网　　址　http:// www.castp.cn
经 销 者　全国各地新华书店
印 刷 者　北京富泰印刷有限责任公司
开　　本　787mm×1 092mm　1/16
印　　张　16.5
字　　数　510千字
版　　次　2019年1月第1版　　2019年1月第1次印刷
定　　价　160.00元

甘肃地处蒙新高原、青藏高原和黄土高原三大自然区域的交汇地带，高原、山地、冰川、荒漠、绿洲、河谷等都有分布，海拔从最低的文县罐子沟白龙江谷地550m到最高的祁连山主峰团结峰5 808m，高差悬殊，地形多样；属东南季风区与西北大陆性气候区的过渡地带，气候、自然条件、草地类型丰富多彩，也是我国传统农区、牧区和农牧交错区均有较大比重的地区。如此多样的自然气候和地理条件，蕴育了极为丰富的物种多样性及草类植物资源，也为草业科研及其发展提供了广阔的舞台。

近几年来，甘肃草业及其草业产业化进程明显加快，人工草地留床面积达2 400多万亩，人工种草（包括复种）约占耕地总面积的1/3左右，紫花苜蓿留床面积多年保持在1 000万亩上下；商品草面积和产量迅速增加，分别达294万亩和236万吨；草业种植合作社及加工营销企业发展至110多家。随着国家对草牧业的重视、国家生态文明和美丽中国建设的需要，牧草种质资源的开发利用与草业必将迎来更加广阔的发展前景。

为了适应和助推甘肃草业发展，中国农业科学院兰州畜牧与兽药研究所的田福平等研究人员，结合甘肃实际和多年研究积累，编写了《甘肃主要栽培牧草与天然草地植物图谱》一书。书中选编了甘肃天然草原和栽培牧草中常见牧草植物共177种及其形态学彩图708幅，分别介绍了各种牧草的名称、形态特征、地理分布、饲用价值；每种植物附有植株、叶、花与种子4幅彩图，从而使全书不仅内容简明扼要，更给人以图文并茂、一目了然、直观实用之感，值得一读。

科学在于探索，知识在于积累。田福平博士自参加工作以来，一直坚持在甘肃、西藏、新疆等地科研一线，不畏艰辛，勇于探索和积累，不仅出色完成了承担的科研任务，也积累了草业科学方面的大量资料与实践经验，书中的主要内容，特别是选用的数百张照片，就是他在自己的工作过程中认真观察、拍摄、精选而来，进而凝练编纂成专著，这既是作者多年坚持科研一线、铢积寸累、潜心探索的结果，也为更多的草业工作者提供了有益的参考与借鉴。

祈望这本"小草"之书，与"不与花争艳，不与树比高，艰辛何所惧，年来草自春"的草人精神，为推动我国草业发展和美丽中国建设发挥应有的作用！

张自和

2018年12月3日

中国是草地植物资源极其丰富的国家。甘肃省是我国草地资源大省，也是草原科学技术大省，全省有天然草地1 780万hm²，仅次于新疆、内蒙古、青海、西藏、四川，位居全国第6。甘肃省草地面积占全省总面积（45.4万km²）的39.4%，是耕地的4.5倍，林地的3.1倍，是全省最大的土地类型、最大的生态系统，是农林牧和城乡最大的生态屏障，更是各少数民族聚居地区和重要的畜牧业生产基地。

在甘肃草原植物中，饲用植物有73科、288属、1 662种，分别占总科、属、种的47.4%、40.2%、78%。在饲用植物中数量最多的有禾本科80属253种，菊科71属71种，其次是蔷薇科17属63种，豆科24属95种，莎草科9属74种，蓼科5属23种，藜科16属46种。分布在甘肃天然草原上的饲用植物按其科的归属，最大的是禾本科，其次是豆科和菊科。

甘肃是我国传统的牧草栽培大省，人工种草历史久远，早在汉唐时代，甘肃陇东民间已种植苜蓿成俗，明清两代，苜蓿已成轮作主要草种。如今，甘肃省人工种草保留面积位居全国前列，其中紫花苜蓿种植面积位居全国第一，是全国主要的苜蓿草种植和畜牧业基地之一。甘肃牧草栽培结构主要以农田种草为主，农田以外种草比例较小，牧草栽培以豆科牧草为主，禾本科牧草为辅，其他草种较少。牧草栽培的地区特色鲜明，河东以苜蓿为主，禾草次之，河西则豆禾大致平衡；高寒、干旱地区则以禾草为主。

本书主要是编者们长期野外工作多年的工作积累，采用图文并茂、易懂易用的编排方式，对照片经过反复精选、补充、整理、鉴定，之后又用两年多时间编写而成。该书直观性、普及性及实用性强。为科研、教学、推广、生产及一线基层工作人员提供参考，具有一定的科学和使用价值。

本书共收录甘肃省主要栽培牧草62种，形态图片248幅，常见的天然牧草115种，形态图片460幅。对各草种分别介绍了别名、形态特征、地理分布及饲用价值。选录的草种拉丁文和中文名大多以《中国植物志》为准。有些以《中国饲用植物》为准。为便于查阅，全书编排顺序基本以在甘肃生产利用的多寡为序，常见草种放在前面。

该书的编著出版得到了中国农业科学院创新工程专项资金项目"寒生旱生灌草新品种选育（CAAS-ASTIP-2018-LIHPS-08）"、中央级公益性科研院所基本科研业务费专项资金项目"旱生牧草种质资源收集，评价，保护及开发利用研究（1610322017022）"、中国农业科学院基本科研业务费专项院级统筹项目"寒生旱生灌草资源引种驯化及新品种示范（Y2018PT77）"、兰州市人才创新创业项目"苦苣菜引种驯化及新品种选育（2017-RC-55）"及甘肃省农牧厅项目"甘肃省优良牧草种质资源收集与评价"的资助，并是以上项目的部分研究成果，特此感谢。

　　该书由兰州大学张自和教授、甘肃农业大学方强恩博士校订，特此表示衷心感谢。

　　由于受编者水平、条件及时间所限，难免有误，书中文字描述、图片错误和不当之处，敬请斧正，谢谢！

编　者

2018年9月29日

CONTENTS 目录

第一部分　主要栽培牧草

第二部分　主要天然草地植物

第一部分　主要栽培牧草

一、豆科主要栽培牧草

苜蓿属

紫花苜蓿
黄花苜蓿

驴食豆属

红豆草

草木樨属

白花草木樨
黄花草木樨
印度草木樨

野豌豆属

箭筈豌豆
333/A春箭筈豌豆
毛苕子

豌豆属

豌豆
小冠花属
多变小冠花

黄芪属

沙打旺

三叶草属（车轴草属）

白三叶草
红三叶草

香豌豆属

山黧豆

百脉根属

百脉根

胡枝子属

达乌里胡枝子

锦鸡儿属

柠条锦鸡儿

紫花苜蓿

Medicago sativa L.

别名　紫苜蓿、苜蓿。

形态特征　多年生草本。株高60～120cm，主根发达，入土深度达2～6m，多数品种侧根不发达，有些品种或植株侧根发达。着生根瘤较多，多分布在地下20～30cm的根间。根颈粗大，居于地下3～8cm处，随着年龄的增长逐渐深入土中。茎直立或有斜升，绿色或带紫色，粗0.2～0.5cm，多分枝，生长2年以上的植株可分枝10多个，每个主枝具10～17个节。羽状三出复叶或多出复叶，小叶长圆状倒卵形、倒卵形或倒披针形，长7～30mm，宽3.5～15mm，先端钝，具小尖刺，基部楔形，叶缘上部1/3处有锯齿，两面无毛或疏被柔毛；托叶狭披针形。短总状花序腋生，具花5～20余朵，紫色或蓝紫色；花萼筒状针形；花冠蝶形。荚果螺旋形，通常卷曲1～3圈，黑褐色，密生伏毛，内含种子2～8粒；种子肾形，黄褐色，陈旧种子变为深褐色。

细胞染色体　2n=16，32，64。

地理分布　世界上栽培最早的牧草，中国分布范围甚广，西起新疆维吾尔自治区（全书简称新疆）、东到江苏北部，包括黄河流域及以北的14个省，主要是西北、华北地区。甘肃全省大范围均有分布，尤其以中西部种植面积最大。

饲用价值　紫花苜蓿为各种牲畜最喜食的牧草。紫花苜蓿叶比茎含粗蛋白质高1～1.5倍，粗纤维含量叶比茎少50%。因此，越是幼嫩，叶的比重越大，营养价值越高。开花初期可刈割调制干草。从经济利用考虑，播种后2—4年内生产力高，不宜作为放牧利用，以青刈或调制干草为宜，5年以后，可作为放牧地，应有计划地做到分区轮割或轮牧。建立大面积人工放牧场地，最好采用禾草与紫花苜蓿混播较为适宜。苜蓿的营养价值与收获时期关系很大，幼嫩苜蓿含水量较高，随生长阶段的延长，蛋白质含量逐渐减少，粗纤维显著增加。初花期刈割的苜蓿消化率高，适口性好。

开花前苜蓿喂反刍家畜时易引起膨胀病，牛较羊易发生，泌乳母牛和带羔母羊又较一般牛和羊容易发生。豆科牧草和禾本科牧草混播，均可防止或减少膨胀病的发生。

001-1-紫花苜蓿-花枝　　001-2-紫花苜蓿-叶　　001-3-紫花苜蓿-荚　　001-4紫花苜蓿-种子

黄花苜蓿

Medicago falcata L.

别名 野苜蓿、镰荚苜蓿。

形态特征 多年生草本。根粗壮，茎斜升或平卧，长30～60（100）cm，多分枝。三出复叶，小叶倒披针形、倒卵形或长圆状倒卵形，边缘上部有锯齿。总状花序密集成头状，腋生，花黄色，蝶形。荚果稍扁，镰刀形，稀近于直立，长1～1.5mm，被伏毛，含种子2～4粒。

细胞染色体 2n=16，32。

地理分布 分布在中国东北、华北和西北等地。蒙古、俄罗斯和欧洲也有分布。

饲用价值 优良饲用植物。青鲜状态羊、牛、马最喜食。对产乳畜有增加产乳量、对幼畜有促进发育的功效，是一种具有催肥作用的牧草。种子成熟后的植株，家畜仍喜食。冬季叶多脱落，但残株保存尚好，适口性并未见显著降低。制成干草时，也为家畜所喜食。利用时间较长，产量也较高，野生的每公顷产鲜草2.25～3.75t、栽培的4.5t。营养较丰富，含有较高的粗蛋白质，结实之后，粗蛋白质含量下降。黄花苜蓿用作放牧或割草均可，但其茎多为斜升或平卧，对刈割调制干草很不方便，可选择直立型的进行驯化栽培。近年来，我国一些研究部门和生产单位，已经注意采收种子，进行栽培试验，驯化培育，取得一定效果。尚需进行探索有效的改良方法，以适应生产的需要。

002-1-黄花苜蓿-花

002-2-黄花苜蓿-叶

002-3-黄花苜蓿-花枝

002-4-黄花苜蓿-荚

红豆草

Onobrychis viciaefolia Scop.

别名　驴食豆、驴食草。

形态特征　多年生草本。高30～120cm，主根粗长，侧根发达，主要分布在50cm的土层内，最深可达10m。茎直立，多分枝，粗壮、中空，具纵条棱，疏生短柔毛。叶为奇数羽状复叶，具小叶13～27片，呈长圆形、长椭圆形或披针形，长10～25mm，宽3～10mm，先端钝圆或尖，基部楔形，全缘，上面无毛，下面被长柔毛；托叶尖三角形，膜质，褐色。总状花序腋生。花冠蝶形，粉红色至深红色。荚果半圆形，压扁，果皮粗糙，有明显网纹，内含种子1粒；种子肾形，光滑、暗褐色。

细胞染色体　2n=14，28。

地理分布　在中国主要为栽培种。分布于温带地区，如内蒙古自治区（全书简称内蒙古）、山西、北京、陕西、甘肃、青海、吉林、辽宁等地；野生种分布在奥地利、瑞士、德国、俄罗斯等国。在甘肃中东部黄土高原地区种植广泛。

饲用价值　富含营养物质，粗蛋白质含量较高，为13.58%～24.75%，矿物质元素含量也很丰富，饲用价值较高，各类家畜和家禽均喜食。秸秆也是马、牛、羊的良好粗饲料。无论单播还是与禾本科牧草混播，其干草和种子产量均较高，饲草中含有畜禽所必要的多种氨基酸。有机物质消化率低于紫花苜蓿和沙打旺，反刍家畜饲用红豆草时，不论数量多少，都不会引起臌胀病。调制干草过程中叶片损失少，容易晾干。病虫害少，抗病力强。返青早，是提供早期青饲料的牧草之一，在早春缺乏青饲料的地区栽培尤为重要。开花早，花期长达2～3个月，是优良的蜜源植物。其根上有很多根瘤，固氮能力强，对改善土壤理化性质，增加土壤养分，促进土壤团粒结构的形成，都具有重要的意义。

003-1-红豆草—花

003-2-红豆草—叶

003-3-红豆草—全株

003-4-红豆草—荚果

白花草木樨

Melilotus alba Medic. ex *albus* Desr.

别名 金花草、白香草木樨。

形态特征 二年生草本。高1～3m。直根伸长2m以上，侧根发达，茎直立，圆柱形，中空，全株有香味。叶为羽状三出复叶，小叶椭圆形或长圆形，长15～30mm，宽6～11mm，先端钝，基部楔形，边缘有疏锯齿；托叶较小，锥形或条状披针形。总状花序腋生，具花40～80朵，花小，白色，长3～6mm；花萼钟状；花冠蝶形，旗瓣较长于翼瓣。荚果小，椭圆形，下垂，表面有网纹，含1～2粒种子；种子肾形，黄色或褐黄色。

细胞染色体 2n=16。

地理分布 在中国河北、内蒙古、陕西、甘肃等省区都有野生种分布。在西北、东北、华北等地有悠久栽培历史。近年来，种植较多的主要是辽宁西部、陕西北部、甘肃东部、山西北部、内蒙古东部、吉林西部、江苏北部、山东北部、河北北部和黑龙江等省区。一般多作为绿肥种植，尤其在黄土高原、风沙干旱地区，不仅作为绿肥和燃料，而且还是主要的栽培牧草和水土保持植物。在甘肃中东部栽培较为广泛。

饲用价值 牛、羊等家畜的优良饲草。可以放牧、青刈，制成干草或青贮。含有香豆素（Cumarin），开花、结实时含量最多，幼嫩及晒干后气味减轻。因此，应尽量在幼嫩或晒干后喂食，提高适口性和利用率。发霉或腐败，香豆素转变为抗凝血素，家畜食后，易引起内出血而死亡，尤以小牛较为突出，马和羊少见。因此，要特别注意。最好刈割后与其他青饲料混饲，或调制成青干草利用，提高适口性。白花草木樨茎枝较粗，并稍有苦味，但早霜以后，苦味渐减，各种家畜习惯后都喜采食，特别是牛、羊能显著增膘。粉碎或打浆后喂猪效果更佳。同紫花苜蓿、三叶草相比，白花草木樨在放牧乳牛时很少引起臌胀病，但也不宜多食。饲喂大家畜时，与谷草对半混喂最好。青饲最好早上刈割，晾晒4～5h后，茎叶萎蔫铡细饲喂；喂猪时，将切碎的草木樨煮熟，捞出放到清水里浸泡，消除香豆素的苦味，猪更爱吃；若掺上糠麸、粉浆、泔水和精料等，提高利用率。白花草木樨除作家畜的饲草外，还是优良的蜜源植物。

004-1-白花草木樨-花　　004-2-白花草木樨-叶　　004-3-白花草木樨-全株　　004-4-白花草木樨-种子

黄花草木樨

Melilotus officinalis（L.）Desr.

别名　香马料、香草木樨。

形态特征　一或二年生草本。高1～2m，全草有香味。主根发达，呈分枝状胡萝卜形，根瘤较多。茎直立，多分枝。叶为羽状三出复叶，小叶椭圆形至披针形，先端钝圆，基部楔形，边缘具细锯齿；托叶三角形。总状花序腋生，含花30～60朵，花萼钟状；花冠黄色，蝶形、旗瓣与翼瓣近等长。荚果卵圆形，有网纹，被短柔毛，含种子1粒；种子长圆形，黄色或黄褐色。

细胞染色体　2n=16。

地理分布　在中国东北、华北、西南和长江流域以南都有野生种分布。在东北、华北、华东等地栽培历史悠久。原产欧、亚两洲，在土耳其、伊朗和西伯利亚等地均有分布。甘肃中东部地区有栽培，西南部高海拔地区有野生分布。

饲用价值　分枝繁茂，营养丰富，在东北地区栽培，产干草4 627～7 500kg/hm²。在调制青干草时，注意落叶性。营养期叶粗蛋白质含量33.52%，粗脂肪4.26%，粗纤维13.01%，无氮浸出物39.31%，粗灰分9.90%，生长后期秆易木质化，影响营养价值。

005-1-黄花草木樨-花

005-2-黄花草木樨-叶

005-3-黄花草木樨-全株

005-4-黄花草木樨-荚果

印度草木樨

Melilotus indicus（L.）All.

别名 草木樨、野花生、蛇脱草。

形态特征 一年生草本。茎高10～50cm，直立，中空，光滑，无毛；多分枝，羽状三出复叶，小叶倒披针状、矩圆形至宽倒卵形，长1～3cm，宽约1cm，先端截形或微凹，中脉突出，边缘中部以上有疏锯齿。总状花序腋生，长5～10cm；花萼钟状，萼齿披针形，与萼筒等长或稍长；花冠蝶形，黄色，旗瓣与翼瓣近等长或稍长。荚果卵圆形，长2～3mm，表面网脉凸出，有种子1粒，千粒重2g。

细胞染色体 2n=16。

地理分布 中国除内蒙古、青藏高原未见有分布，各省区均有分布；东南亚、欧洲、北美也有。甘肃中东部地区均可广泛种植，在甘肃甘南、肃南等海拔较高地区不易大面积栽培。

饲用价值 茎叶柔软，鲜嫩多汁，茎叶和种子都是很好的青绿饲草和精饲料。制成干草或草粉饲用价值也很高。整个青草期各种畜禽均可采食，尤其猪、牛、羊特别喜食。从鲜草中还可分离出香豆素和含有营养丰富的多种糖类，如葡萄糖、果糖、山梨糖、棉子糖和纤维二糖等。籽实中含有大量的维生素和微量元素。营养期粗蛋白质含量17.70%，粗脂肪2.36%，粗纤维34.14%，无氮浸出物35.30%，粗灰分10.50%，钙0.82%，磷0.29%；开花期缬氨酸、苏氨酸、蛋氨酸、异亮氨酸、赖氨酸、精氨酸及组氨酸含量分别占干物质的1.29%、1.06%、0.40%、1.29%、1.82%、2.61%、0.92%。印度草木樨含有香豆素，少食毒性不大，马、羊等家畜如采食此草过多，可发生麻痹。因此，放牧或饲喂时，切忌不可过量。除具有饲用价值外，尚可作为蜜源植物、地被植物和绿肥植物用。

006-1-印度草木樨-花

006-2-印度草木樨-叶

006-3-印度草木樨-全株

006-4-印度草木樨-种子

箭筈豌豆

Vicia sativa L.

别名　大巢菜、野豌豆、救荒野豌豆。

形态特征　一年生草本。茎细软，斜升或攀缘，有条棱，多分枝，长60～200cm。羽状复叶，具小叶8～16枚，叶轴顶端具分枝的卷须；小叶椭圆形、长圆形至倒卵形，长8～20mm，宽3～7mm，先端截形凹入，基部楔形，全缘，两面疏生短柔毛；托叶半边箭头形，花1～3朵生于叶腋，花梗短；花萼筒状，萼齿5，披针形；花冠蝶形，紫色或红色。荚果条形，稍扁，长4～6cm，内含种子5～8粒；种子球形或微扁，颜色因品种而不同，有乳白、黑色、灰色和灰褐色，具有大理石花纹。

细胞染色体　2n=12。

地理分布　中国江苏、江西、台湾、陕西、云南、青海、甘肃等地的草原和山地均有野生分布。20世纪50年代从前苏联、罗马尼亚等国引进了10多个品种，以后又陆续从澳大利亚等国引进了一些品种。箭筈豌豆在甘肃中部、西部及东部栽培均表现了很强的适应性，在甘肃西南青藏高原东缘的高海拔地区大面积栽培要谨慎。

饲用价值　茎叶柔嫩，营养丰富，适口性强，马、牛、羊、猪、兔等家畜均喜食。青草的粗蛋白质含量较紫苜蓿高，粗纤维含量少，氨基酸含量丰富。子实中粗蛋白质含量占全干重的30%左右，是优良的精饲料。茎秆可作青饲料、调制干草，也可用作放牧。用干草粉混于配合饲料喂猪，效果良好。箭筈豌豆含有一定量的氰氢酸，其含量多少与品种特性有关，受栽培条件的影响不大。含量超过规定标准（每千克不超过5mg），做去毒处理，浸泡或蒸煮，使之遇热挥发、遇水溶解，降低含量。在饲喂中注意不要单一化和喂量过多，可保证安全。箭筈豌豆不仅是一种高产优质饲料，而且在复种、套种、间作等栽培利用上有较宽广的前景，既可达到用地养地、增产饲料、增产粮食、农牧互相促进的目的，又解决了种植饲料与粮争地、争水、争肥和争劳力的矛盾。甘肃部分地区复种箭筈豌豆茬地小麦，较对照增产13.3%，用以压青较对照增产66%。由此可见，充分利用短期休闲地种植箭筈豌豆，既可达到经济要求，又可达到农业技术要求，是农、牧两利，一举两得。

007-1-箭筈豌豆-花

007-2-箭筈豌豆-叶

007-3-箭筈豌豆-全株

007-4-箭筈豌豆-种子

333/A春箭笤豌豆

Vicia angustifolia L. var *japonica A Gary* co 333/A

别名 333/A、春箭笤豌豆。

形态特征 一年生草本植物。茎斜升或攀缘，羽状复叶，具小叶8～18枚，主根明显，着生根瘤多而大，茎柔嫩，略带红紫色，有条棱，半攀缘状，茎顶有卷须。株高80～105cm。羽状真叶，第一对真叶色暗灰绿色，略带红色，真叶上的小叶片细窄呈条形。当第二对真叶出现后，叶色转绿，真叶上的小叶片也随之变宽。花对生，深红色。分枝2.5～5.3个，长荚果4～6cm，圆筒形，每荚4～6粒，种子圆筒形，色淡褐绿，属大粒品种，千粒重56～75g。

细胞染色体 2n=12。

地理分布 "333/A"春箭笤豌豆，在20世纪70年代就开始小面积推广，到1980年已有17个省市，30多个单位和个人进行了引种。到1984年进行生产示范和大面积推广，至1986年累计推广面积达3万余亩，总的效果是好的，不论在山旱地或水浇地种植，表现抗灾力强。在正常情况下，种子产量比主栽品种"西牧324"增产显著，在甘肃河西灌区麦田进行套种、复种的青草产量也显著高于"西牧324"。特别是"333/A"具有速生早熟特点，在一些高寒山区小麦不能成熟，种植"333/A"却可获得良好收成。

饲用价值 适口性强，马、牛、羊、猪、兔等家畜均喜食。开花后马、牛亦乐食，绵羊采食；晒制成青干草，马、牛、羊均采食，切碎猪禽喜食。"333/A"春箭笤豌是1987年中国农业科学院兰州畜牧研究所通过国家鉴定登记的春箭笤豌豆新品种。具有早熟、稳定丰产、抗旱、耐寒、耐瘠薄、不炸荚、氢氰酸含量低等多种优良性状，在推广过程中很受农民群众的欢迎。比推广品种早熟15～30天，春播种子产量2 250～3 750kg/hm²，增产35%～56%；复种青草产量52 500～67 500kg/hm²，增产23%～26%；青草干物质的粗蛋白质含量为22.78%，种子粗蛋白质含量为32.4%；氢氰酸含量低于国家允许标准，饲用和食用安全。可收草、收种，可单、混播和套、复种，为北方地区的豆科优质牧草品种和绿肥作物。

"333/A"春箭笤豌豆是饲料、粮食、绿肥兼用作物，栽培利用余地广，且不与其他粮食作物争地，经济效益高，改土效果好。既是优良的饲料牧草作物，其籽实又可供人食用。

008-1-333/A春箭笤豌豆—花　　008-2-333/A春箭笤豌豆—叶　　008-3-333/A春箭笤豌豆—全株　　008-4-333/A春箭笤豌豆-种子

毛苕子

Vicia villosa Roth.

别名　冬箭筈豌豆、长柔毛野豌豆、冬巢菜。

形态特征　一年生或越年生草本，全株密被长柔毛。主根长0.5~1.2m，侧根多。茎细长达2~3m，攀缘，草丛高约40cm。每株20~30个分枝。偶数羽状复叶，小叶7~9对，叶轴顶端有分枝的卷须；托叶戟形；小叶长圆形或披针形，长10~30mm，宽3~6mm，先端钝，具小尖头，基部圆形。总状花序腋生，具长毛梗，有小花10~30朵而排列于序轴的一侧，紫色或蓝紫色。萼钟状，有毛，下萼齿比上萼齿长。荚果矩圆状菱形，长约15~30mm，无毛，含种子2~8粒，略长球形，黑色。千粒重25~30g。

地理分布　毛苕子原产于欧洲北部，广布于东西两半球的温带，主要是北半球温带地区。毛苕子是世界上栽培最早、在温带国家种植最广的牧草和绿肥作物。毛苕子在我国栽培历史悠久，分布广阔，以安徽、河南、四川、陕西、甘肃等省较多。甘肃大部分地区（除甘南等高海拔地区）均可广泛种植。

饲用价值　毛苕子茎叶柔软，富含蛋白质和矿物质，无论鲜草或干草，适口性均好，各类家畜都喜食。可青饲、放牧和刈制干草。四川等地把毛苕子制成苕糠，是喂猪的好饲料。毛苕子也可在营养期进行短期放牧，再生草用来调制干草或收种子。南方冬季在毛苕子和禾谷类作物的混播地上放牧奶牛，能显著提高产奶量。但毛苕子单播草地放牧牛、羊时要防止臌胀病的发生。通常放牧和刈割交替利用，或在开花前先行放牧，后任其生长，以利刈割或留种；或于开花前刈割而用再生草放牧，毛苕子也是优良的绿肥作物，它在我国一些地区，正在日益显示着它的举足轻重的地位。用毛苕子压青的土壤有机质、全氮、速效磷含量都比不压青的土壤有明显增加。毛苕子花期长达30~40天，是很好的蜜源植物。

009-1-毛苕子—花

009-2-毛苕子—叶

009-3-毛苕子—全株

009-4-毛苕子—种子

豌　豆

Pisum sativum L.

别名　青豆、麦豌豆、小豌豆、寒豆、麦豆、毕豆等。

形态特征　一年生攀缘草本。各部光滑无毛，被白霜。茎圆柱形，中空而脆，有分枝。矮生品种高30～60cm，蔓生品种高达2m以上。双数羽状复叶，具小叶2～6片，叶轴顶端有羽状分枝的卷须；托叶呈叶状，通常大于小叶，下缘具疏牙齿；小叶卵形或椭圆形，长2～5cm，宽1～2.5cm，先端钝圆或尖，基部宽楔形或圆形，全缘，有时具梳齿。花单生或2～3朵生于腋出的总花梗上，白色或紫红色；花萼钟状；花冠蝶形。荚果圆筒形，稍压扁，长5～10cm，宽1～1.5cm，内含种子3～10粒；种子球形、椭圆形或扁圆形等，青绿色，干后为黄白色、绿色、褐色等，种皮光滑，具皱纹或皱点。千粒重15～30g。

细胞染色体　2n=14。

地理分布　中国栽培历史悠久，分布普遍，以四川、河西、山西、河北、山东、江苏、湖北、甘肃、青海等地较多。海拔4 280m的西藏高原也有栽培。甘肃全省分布很广，特别在冷凉的二阴地生长非常好。

饲用价值　豌豆为营养价值较高的饲用植物。子实含蛋白质较高，一般含22%～24%，适口性好，是家畜优良精饲料，可作家畜日粮中的蛋白质补充料。秸秆和秕壳也含有6%～11%的蛋白质，质地较软易消化，是家畜优良粗饲料，喂马、牛、羊均可。豌豆的新鲜茎叶为各种家畜所喜食。可以青喂、青贮、晒制干草或干草粉，为生产上较广泛利用的一种饲料作物。子粒产量1 500～22 50kg/hm²，高者达3 000kg/hm²以上。青刈豌豆秧15～30t/hm²。豌豆茎叶及种子均可作药用，有强壮利尿、止泻、清凉解暑之功能。此外，茎叶也可作绿肥。

010-1-豌豆-花

010-2-豌豆-叶

010-3-豌豆-全株

010-4-豌豆-荚

多变小冠花

Coronilla varia L.

别名　绣球小冠花。

形态特征　多年生草本。高70～130cm。根系发达，主要分布在15～40cm深的土层中，黄白色，具多数形状不规则的根瘤。茎直立或斜升，中空，具条棱。奇数羽状复叶，具小叶9～25片；托叶小，锥状，长约2cm；小叶长圆形或倒卵状长圆形，长5～20mm，宽3～5mm，先端圆形，或微凹，基部楔形，全缘，光滑无毛。总花梗长15cm，由14～22朵花紧密排列。

于总花梗顶端，伞形花序；花小，下垂，花梗短，花萼短钟状，花冠蝶形，初为粉红色，以后变为紫色。荚果细长，圆柱状，长2～8cm，宽约0.2cm，具3～13荚节（多数4～6荚节），每荚节含种子1粒；种子肾形，长约3.5mm，宽约1mm，红褐色。

细胞染色体　2n=24。

地理分布　1973年，南京中山植物园从荷兰、瑞典、德国和匈牙利等国引进试种。1974年，美国友人韩丁从美国引入我国少量"彭吉夫特"品种，在山西、陕西试种表现良好。以后在西北、华北地区种植，栽培面积逐年在扩大。多变小冠花在甘肃种植历史也比较悠久，在甘肃中部、东部和南部都有栽培。

饲用价值　茎叶繁茂、幼嫩，叶量大，营养成分含量高。叶量在盛花期占55.27%。营养丰富。多变小冠花盛花期粗蛋白质22.04%，粗脂肪1.84%，粗纤维32.28%，无氮浸出物34.18%，粗灰分9.66%，钙1.63%，磷0.24%。茎叶有苦味，适口性比紫苜蓿差。中国农业科学院畜牧研究所试验，在饲草中加入20%～30%的小冠花，对家畜无毒害作用。多变小冠花产草量高，再生性能好。在甘肃中部地区，每年可刈割3次，抗旱性强，冬季枯萎迟，可延长每年青草供应期。小冠花可作青贮、调制干草和干草粉。刈割最好在初花期。调制青贮或干草可在花期刈割，以增加产量。小冠花有根瘤固氮作用，能提高土壤氮素含量。经测定种植一年的多变小冠花地中0～20cm土层内，有机质含量提高了0.14%，水解氮增加22.99%，是培肥土壤的良好绿肥植物，多变小冠花的花期长达5个月之久，也是好的蜜源植物，花多鲜艳，枝叶茂盛，又可作美化庭院净化环境的观赏植物，还可作果园覆盖植物。

011-1-多变小冠花-花　　011-2-多变小冠花-叶　　011-3-多变小冠花-全株　011-4-多变小冠花-种子

沙打旺

Astragalus adsurgens Pall.

别名 直立黄芪、斜茎黄芪、麻豆秧。

形态特征 多年生草本。高1.5~2cm，全株被丁字形草毛。主根粗长，侧根较多，主要分布于20~30cm土层内，根幅达150cm左右，根上着生褐色根瘤。茎直立或倾斜向上，丛生，分枝多，主茎不明显，一般10~25个。叶为奇数羽状复叶，有小叶3~27枚，长圆形；托叶膜质，卵形。总状花序，多数腋生，每个花序有小花17~79朵；花蓝色、紫色或蓝紫色；萼筒状五裂；花翼瓣和龙骨瓣短于旗瓣。荚果矩形，内含褐色种子十余粒。

细胞染色体 2n=16。

地理分布 中国东北、华北、西北、西南地区广为分布。一般分布在海拔为700~3 150m地段，以东北分布较多。甘肃中东部及南部可大面积栽培，沙打旺枝叶茂盛，在兰州地区种子可以成熟，但在甘肃海拔较高的地区，开花结籽较迟，种子难以成熟，不能天然更新。

饲用价值 嫩茎叶打浆可喂猪；在沙打旺草地上可放牧绵羊、山羊；收割青草冬季补饲，用沙打旺与禾草混和青贮等。凡是用沙打旺饲养的家畜，膘肥、体壮，还未发现有异常现象，反刍家畜也未发生膨胀病。沙打旺花期长，花粉含糖丰富，是一种优良的蜜源植物，特别在秋季，沙打旺的花仍十分繁盛，可供蜂群采集花粉。沙打旺为蜂群源源不断地提供蜜源，蜂群为沙打旺传递花粉，增加种子产量。沙打旺由苗期到盛花期，碳水化合物含量由63%增加到79%，无氮浸出物（淀粉、糊精和糖类等）由45%减到35%，粗纤维则由18%增加到37%，霜后落叶时增至48%。沙打旺粗蛋白质含量在风干草中为14%~17%，略低于紫苜蓿，幼嫩植株中粗蛋白质含量高于老化的植株。初花期的蛋白质含量为12.29%，仅低于苗期（13.36%），而高于营养期（11.2%）、现蕾期（10.31%）、盛花期（12.30%）和霜后落叶期（4.51%），霜后落叶期的粗蛋白质急剧下降，仅为盛花期前的1/3至1/2。在不同生长年限中，氨基酸总含量以第1年最高，达13%以上，2~7年的植株中，变化幅度为8%~9.6%，接近草木樨含量（9.8%），而低于紫花苜蓿。紫花苜蓿第2年初花期氨基酸总量为12.22%。生长1年的沙打旺，从苗期到盛花期，植株中9种必需氨基酸含量变化于2.7%~3.6%，平均为2.38%，略低于紫花苜蓿（3.05%）。因此，沙打旺是干旱地区的一种好饲草。但适口性和营养价值低于紫花苜蓿。沙打旺的有机物质消化率和消化能也低于紫花苜蓿，沙打旺作为低毒黄芪属植物，可作为饲料推广应用。

012-1-沙打旺-花

012-2-沙打旺-叶

012-3-沙打旺-全株

012-4-沙打旺-种子

白三叶草

Trifolium repens L.

别名　白车轴草、荷兰翘摇。

形态特征　多年生草本。叶层一般高15～25cm，高的可达30～45cm。主根较短，但侧根和不定根发育旺盛。株丛基部分枝较多，通常可分枝5～10个，茎匍匐，长15～70cm，一般长30cm左右，多节，无毛。叶互生，具长10～25cm的叶柄，三出复叶，小叶倒卵形至倒心形，长1.2～3cm，宽0.4～1.5cm，先端圆或凹，基部楔形，边缘具细锯齿，叶面具"V"形斑纹或无；托叶椭圆形，抱茎。花序呈头状，含花40～100余朵，总花梗长；花萼筒状，花冠蝶形，白色，有时带粉红色。荚果倒卵状长圆形，含种子1～7粒，常为3～4粒；种子肾形，黄色或棕色。

细胞染色体　2n=32，48。

地理分布　在中国中亚热带及暖温带地区分布较广泛。四川、贵州、云南、湖南、湖北、广西壮族自治区（全书简称广西）、福建、吉林、黑龙江等地均发现有野生种。在四川，白三叶草分布的垂直高度在海拔500～3 600m的范围，而以1 000～3 200m的地带生长较好。在东北、华北、华中、西南、华南各省区均有栽培种；在新疆、甘肃等地栽培后表现也较好。甘肃除甘南等高海拔地区外，全省各地作为绿化草种均有广泛种植。

饲用价值　适口性优良，为各种畜禽所喜爱，营养成分及消化率均高于紫苜蓿、红三叶草。干草产量及种子产量则随地区不同而异。它具有萌发早、衰退晚、供草季节长的特点，在甘肃多为绿化用。白三叶草茎匍匐，叶柄长，草层低矮，故在放牧时多采食的为叶和嫩茎。营养成分及消化率为所有豆科牧草之冠，其干物质的消化率一般都在80%左右。白三叶野生种与栽培种在中国及世界各地广泛分布，已成为世界上较重要的牧草品种资源之一，世界上已育成很多白三叶草品种，在畜牧业生产上发挥了巨大的作用。白三叶草多用于混播草地，很少单播，是温暖湿润气候区进行牧草补播、改良天然草地的理想草种。也可作为保护河堤、公路、铁路及防止水土流失的良好草种，也是作为运动场、飞机场草皮植物及美化环境铺设草坪等植物。

013-1-白三叶草-花

013-2-白三叶草-叶

013-3-白三叶草-全株

013-4-白三叶草-种子

红三叶草

Trifolium pratense L.

别名 红车轴草、红荷兰翘摇、红菽草。

形态特征 多年生草本。高30~80cm，主根入土深达1~1.5m，侧根发达，根瘤卵球形，粉红色至白色。茎直立或斜升，株丛基部分枝10~15个。叶互生，三出复叶，小叶椭圆状卵形至宽椭圆形，长2.5~4cm，宽1~2cm，先端钝圆，基部宽楔形，边缘具细齿，下面有长柔毛；托叶卵形，先端锐尖。花序腋生，头状，含花100余朵，具大型总苞，总苞卵圆形，花萼筒状；花冠蝶形，红色或淡紫红色。荚果倒卵形，小长约2mm，含种子1粒，椭圆形或肾形，棕黄色或紫色，千粒重为1.5g左右。

细胞染色体 2n=16，32。

地理分布 在中国的新疆、吉林、云贵高原、湖北鄂西山地等都有野生。原产于小亚细亚和西南欧，在欧洲各国及俄罗斯、新西兰等国海洋性气候的地区广泛栽培。甘肃大部分地区可栽培，人工草地一年可刈割2~4次，在甘肃低海拔地区种子能良好成熟。

饲用价值 红三叶草是优质的豆科牧草，在现蕾、开花期以前，叶多茎少，现蕾期茎叶比例接近1：1，始花期为0.65：1，盛花期为0.46：1。其营养成分，氨基酸含量及对反刍家畜的消化率均较高。红三叶草主要作为人工割草场利用，对各种家畜适口性都很好，马、牛、羊、猪、兔喜采食，红三叶草产量较高，生长年限较长，是优质牧草之一，可大面积推广种植。红三叶草亦可作为草地绿化利用。

014-1-红三叶草-花

014-2-红三叶草-叶

014-3-红三叶草-全株

014-4-红三叶草-种子

山黧豆

Lathyrus quinquenervius（Miq.）Litv.et Kom.

别名　五脉山黧豆。

形态特征　多年生草本。根状茎细而稍弯，横走地下。茎单一，高20～40cm，直立或稍斜升，有棱，具翅。双数羽状复叶，具小叶2～6枚，叶轴顶端成为单一不分枝的卷须；托叶为狭细的半边箭头状；小叶披针形至条形。长3.5～8.5cm，宽2～8mm，先端锐尖或渐尖，基部楔形，上面无毛，下面有柔毛，具5条明显的纵脉。总状花序腋生，具3～7朵花；花萼钟状；花冠蝶形，红紫色或蓝紫色。荚果长圆状条形，长3～5cm，有毛。

细胞染色体　2n=14。

地理分布　中国主要分布在北方等地；甘肃中东部、南部大部分地区均可栽培，兰州地区种植生长良好。

饲用价值　适口性良好。鲜草时牛、羊最喜食；干草各种家畜均喜食。在野生动物中，梅花鹿喜食其叶。山黧豆产量较低，但营养价值高，开花初期的干草率为40%～50%，是刈、牧兼用的优良牧草。开花期长达2个月，此时刈割则干草营养成分好，可调制优良干草。山黧豆花期的饲料干物质中粗蛋白质含量21.96%，粗脂肪2.37%，有机物质消化率74.49%。山黧豆种子有微毒，在利用过程中，防止家畜误食种子，最好在花期刈割，调制干草。

015-1-山黧豆-花　　　　015-2-山黧豆-叶

015-3-山黧豆-全株　　　　015-4-山黧豆-荚

百脉根

Lotus corniculatus L.

别名　牛角花、五叶草、鸟趾草。

形态特征　多年生草本。高8～60cm，主根粗壮，圆锥形。茎丛生，细弱，斜升或直立，幼时疏被长柔毛。单数羽状复叶，具小叶5，其中3个小叶生于叶轴顶端，2个小叶生于叶轴基部类似托叶，卵形或倒卵形，长3～20mm，宽3～12mm，先端锐尖，基部宽楔形或略歪斜，全缘，无毛。花2～4朵，排成伞形花序；具3枚叶状苞片；花萼钟形，疏被长硬毛；花冠黄色，蝶形，长1～1.3cm，旗瓣具明显的紫红色脉纹。荚果圆柱形，似牛角，或下垂形似鸟趾，故有"鸟趾草"之称，果长2.5～3.2cm，鲜时绿色或紫绿色，干后呈褐色，内含种子多数；种子深绿色，近肾形。

细胞染色体　2n=12，24。

地理分布　原产欧亚两洲的湿润地带。朝鲜、日本等国有野生种，中国南北各地均有栽培。云南、贵州、四川、湖北、湖南、陕西、甘肃等地有野生种。在甘肃海拔低于3 000m的地区生长良好，种子能正常成熟，兰州、天水、平凉、武威等地区生长均良好。

饲用价值　植株较矮小，属半上繁性牧草，茎半匍匐，从根颈部发出的茎数较少，但分枝旺盛，叶量多而柔嫩，具有较高的营养价值。营养期的饲料干物质中粗蛋白质含量23.52%，粗脂肪3.22%，有机物质消化率68.64%，消化能12.23MJ/kg，代谢能9.50MJ/kg。适口性好，特别是羊极喜食。不含有皂素，家畜大量采食不会引起臌胀病。再生性好，全年可刈割2～3次。栽培品种，产鲜草37.5～45t/hm²。春天萌发早，夏季高温生长缓慢，夏末生长较旺，全年供应饲草期较短。可用作放牧或刈割，但在调制干草过程中，百脉根具有较强的落叶性，应采取预防落叶措施。百脉根有艳丽的花，可用作观赏植物栽培，美化环境。

016-1-百脉根-花

016-2-百脉根-叶

016-3-百脉根-全株

016-4-百脉根-种子

达乌里胡枝子

Lespedeza davurica（Laxm.）Schindl.

别名 兴安胡枝子、牛枝子、牛筋子。

形态特征 草本状半灌木。高20~60cm。茎单一或数个簇生，通常稍斜升。羽状三出复叶，小叶披针状长圆形，长1.5~3cm，宽5~10mm，先端圆钝，有短刺尖，基部圆形，全缘，有平伏柔毛。总状花序腋生，较叶短或与叶等长；萼筒杯状，萼齿刺状；花冠蝶形，黄白色至黄色。荚果小，包于宿存萼内，倒卵形或长倒卵形，两面凸出，伏生白色柔毛。

细胞染色体 2n=36，44。

地理分布 分布于中国东北、华北、西北、华中至云南等地；朝鲜、日本、俄罗斯也有。甘肃中南部种植生长良好，兰州地区亦适合生长。

饲用价值 优等饲用植物。叶花前为各种家畜所喜食，尤其马、牛、羊、驴最喜食，花期也喜食。适口性最好的部分为花、叶及嫩枝梢，开花以后，茎枝木质化，质地粗硬，适口性大大下降，故利用宜早，迟于开花期，家畜采食较差。现蕾以前叶量丰富，占地上全部风干重的64.3%，茎占35.7%，此时地上部产量主要集中在距地5~20cm处。待全株高达40cm左右，此时既适于放牧也适于刈制干草。粗蛋白质的含量由营养期至开花期逐渐降低，粗纤维的含量有逐渐增高的趋势。营养期含胡萝卜素9.85mg/kg，初花期86.5mg/kg，花后期96.1mg/kg。达乌里胡枝子为耐旱、耐瘠薄土壤的优良牧草，适于放牧或刈制干草，也可作为改良干旱、退化或趋于沙化草场的材料，如作为山地、丘陵地及沙地的水土保持植物也较适宜。近年来山西省进行试种，效果良好。种子千粒重1.9~1.95g，硬实率不及20%，出苗容易，雨季条播或撒播后赶羊群踩踏一遍，一般10天即可出苗，当年可开花结实。

017-1-达乌里胡枝子-花　　017-2-达乌里胡枝子-叶　　017-3-达乌里胡枝子-全株　　017-4-达乌里胡枝子-种子

柠条锦鸡儿

Caragana korshinskii Kom.

别名　柠条、毛条、大白柠条。

形态特征　灌木。高1.5～5m。根系发达，入土深5～6m，最深达9m左右，水平伸展达20m。树皮金黄色。有光泽，小枝灰黄色，具条棱，密被绢状柔毛。羽状复叶，具小叶12～16，倒披针形或矩圆状倒披针形，两面密生绢毛。花单生，花萼钟状，花冠黄色，蝶形，子房疏被短柔毛。荚果披针形或短圆状披针形，稍扁，革质，深红褐色。种子呈不规则肾形，淡褐色、黄褐色或褐色。

细胞染色体　2n=16。

地理分布　分布于中国内蒙古西部、陕西北部、甘肃中西部及宁夏等地；蒙古也有分布。是黄土高原地区的主要旱生落叶灌木树种，对环境具有广泛的适应性和很强的抗逆性，对贫瘠的黄土具有良好的改土作用。柠条锦鸡儿耐寒、耐高温，冬季能耐-32℃的低温，夏季可抗50℃的高温；极耐干旱、瘠薄土壤，能在年降水量350mm左右的干旱荒山上形成茂密的灌木林，但在年降水量250mm左右的荒山上只能稀疏生长。柠条锦鸡儿为喜砂的旱生灌木，多生于荒漠、荒漠草原地带的固定、半固定沙地，在流动沙地、覆沙戈壁或丘间谷地、干河床边亦有生长。柠条锦鸡儿是甘肃省中部黄土丘陵区荒山绿化及水土保持的优良灌木饲用植物。

饲用价值　枝叶繁茂，产草量高，营养丰富，适口性强，是家畜的良等饲用灌木。绵羊、山羊及骆驼均采食其幼嫩枝叶，春末喜食其花；夏秋采食较少，秋霜后又开始喜食。马、牛采食较少。含有较高的蛋白质和氨基酸。柠条锦鸡儿草场一年四季都可放牧利用，特别是在冬春季节及干旱年份，饲用价值提高。具有抓膘、复壮、保胎作用。也可粉碎加工成草粉，作为冬季及早春补充饲料。柠条锦鸡儿的荚果及种子也是很好的精饲料。柠条锦鸡儿还是很好的防风固沙、水土保持树种，可调节小气候，涵养水源，改善自然生态环境。也是很好的蜜源植物；其根、花、种子均可入药，有滋阴养血、通经、镇静、止痒等效用。

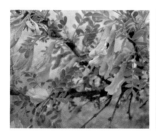

018-1-柠条锦鸡儿-花　　018-2-柠条锦鸡儿-叶　　018-3-柠条锦鸡儿-全株　　018-4-柠条锦鸡儿-种子

二、禾本科主要栽培牧草

燕麦属

燕麦

高粱属

高粱
苏丹草
高丹草

玉蜀黍属

玉米

披碱草属

披碱草
垂穗披碱草
老芒麦

鹅观草属

鹅观草

雀麦属

无芒雀麦

新麦草属

新麦草

冰草属

冰草
沙生冰草
沙芦草

偃麦草属

长穗偃麦草
中间偃麦草
偃麦草

狼尾草属

杂交狼尾草

黑麦草属

多花黑麦草
多年生黑麦草

早熟禾属

早熟禾
冷地早熟禾

羊茅属

羊茅
苇状羊茅
紫羊茅

鸭茅属

鸭茅

芨芨草属

芨芨草

黍属

柳枝稷

燕 麦

Avena sativa L.

别名 铃铛麦、香麦。

形态特征 一年生草本。疏丛型，须根系，较发达。秆直立，高80～150cm左右。叶片扁平，长15～40cm，宽0.6～1.2cm。圆锥花序，小穗含2～3个小花，小穗轴不易断落，近于无毛或疏生短毛；颖片具8～9脉；外稃质地坚硬，第一外稃背部无毛，基盘仅具少数短毛或近于无毛，有芒或无；第二外稃无毛，通常无芒。颖果纺锤形，具簇毛，有纵沟。谷壳占籽粒重量的20%～30%。

细胞染色体 2n=47。

地理分布 主要分布在中国华北、东北和西北的高寒地区，其中以内蒙古、河北、甘肃、山西种植面积最大，新疆、青海、宁夏回族自治区（以下简称宁夏）、陕西次之，云南、贵州、四川、西藏自治区（以下简称西藏）省区也有少量种植；燕麦也广布于欧洲、非洲和亚洲等温带地区。燕麦在甘肃种植历史悠久，甘肃作为我国种植燕麦的主要大省之一，燕麦栽培在甘肃遍及各山区、高原和高寒冷凉地带。

饲用价值 是一种营养价值很高的饲料作物，在其籽实中粗蛋白质和粗脂肪的含量较高，籽实蛋白含量14%～15%，最高可达19%，明显高于小麦和水稻。青刈燕麦茎秆柔软，叶量丰富，适口性很好，各种家畜喜食，尤其是大家畜喜食，干物质消化率可达75%以上，充分说明禾本科干草虽然中性洗涤纤维（NDF）高，但酸性洗涤纤维（ADF）相对较低，可消化NDF含量高。燕麦籽实是饲喂马、牛的好精料，加工后也可饲喂家禽；青刈燕麦的茎叶营养丰富柔嫩多汁，无论做青饲料、青贮料或调制成干草都比较适宜。各类家畜均喜食。燕麦干草也可制成草粉、草颗粒、草块、草砖、草饼，供家畜使用。燕麦可以用于制作青贮，青贮可以在乳熟期至蜡熟期刈割，如果要制作全株青贮，可以在完熟期刈割。在乳熟期刈割，用拉伸缠绕膜生产青贮。

019-1-燕麦-全株

019-2-燕麦-叶

019-3-燕麦-穗

019-4-燕麦-种子

高　粱

Sorghum bicolor（L.）Moench

别名　蜀黍，番麦，荻粱。

形态特征　一年生栽培作物。秆直立，粗壮，高1～4m。叶片线形至线状披针形，长30～60cm，宽2.5～7cm，顶端长渐尖，无毛边缘粗糙。圆锥花序稠密，长15～30cm；分枝近轮生，常再数次分出小枝；穗轴节间不易折断；无柄小穗通常阔椭圆形或倒卵形，长约5mm，宽约3mm，颖片在成熟时除上端及边缘有毛外，余均光滑无毛，且为硬革质；颖果倒卵形，成熟后露出颖外；有柄小穗雄性或中性。夏秋抽穗。千粒重20～30g。

细胞染色体　2n=20。

地理分布　原产亚洲或非洲，现广泛栽培于全球温暖地区。中国东北、华北及西部地区栽培较多。甘肃陇中与陇南、陇东及河西均有广泛栽培。

饲用价值　高粱的籽粒是畜禽重要的精饲料。整粒喂马、骡、驴或粉碎拌入麦草可喂牛、羊；农牧民还常把高粱磨粉做成稀粥以补饲产后母畜、幼畜和弱畜。作精料用时，因含粗蛋白质不足，且较少赖氨酸、蛋氨酸等必需氨基酸，对单胃畜、幼畜须注意配合足量的蛋白质饲料。粒用高粱作为粮食作物栽培时，可获大量的秸秆作为反刍动物的粗饲料，其秸秆进行氨化处理后，可明显提高饲用价值。饲用高粱常作为青饲料栽培，可刈割青饲，或在蜡熟期刈割后调制青贮饲料。高粱的主要利用部位有籽粒、米糠、茎秆等。其中籽粒中主要养分含量：粗脂肪3%、粗蛋白8%～11%、粗纤维2%～3%、淀粉65%～70%。高粱的新鲜茎叶中含有氢氰酸（HCN），能使家畜中毒。氰酸是氰的配糖体，进入畜体后在酶的作用下，被水解为剧毒氢氰酸，引起中枢神经系统障碍，最后导致呼吸与心血管运动中枢麻痹，以至死亡。青株中氢氰酸的含量，普通高粱多，甜茎高粱少；幼苗期多，老化时少以至消失；叶多，茎少；上叶多，下叶少；分枝多，主茎少，晴朗干燥天气多，阴雨湿润天气少；新鲜茎叶多，晒一下或青贮后减少以至消失。由此看出，高粱氢氰酸引起家畜中毒问题，是完全可以防止的。高粱籽粒中都多少含有单宁。可保护种子不丧失发芽力，提高种子的耐贮性。籽粒中单宁的含量，白色的种子少，黄色的种子较多，红色的种子最多；陈旧的种子少，新鲜的种子多。

020-1-高粱-花　　　020-2-高粱-叶　　　020-3-高粱-全株　　　020-4-高粱-种子

苏丹草

Sorghum sudanense（Piper）Stapf.

别名 野高粱。

形态特征 一年生草本；须根粗壮，根系发达入土深，可达2.5m。茎直立，呈圆柱状，高2～3m，粗0.8～2.0cm。一般1株15～25个，最多40～100个。叶7～8片，宽线形，长60cm，宽4cm，色深绿，表面光滑；叶鞘稍长，全包茎，无叶耳。圆锥花序狭长卵形至塔形，较疏松，长15～30cm，宽6～12cm，主轴具棱，棱间具浅沟槽，分枝斜升，开展，细弱而弯曲，具小刺毛而微粗糙，下部的分枝长7～12cm，上部者较短，每一分枝具2～5节，具微毛。无柄小穗长椭圆形，或长椭圆状披针形，长6～7.5mm，宽2～3mm；第一颖纸质，边缘内折，具11～13脉，脉可达基部，脉间通常具横脉，第二颖背部圆凸，具5～7脉，可达中部或中部以下，脉间亦具横脉；第一外稃椭圆状披针形，透明膜质，长5～6.5mm，无毛或边缘具纤毛；第二外稃卵形或卵状椭圆形，长3.5～4.5mm，顶端具0.5～1mm的裂缝，自裂缝间伸出长10～16mm的芒，雄蕊3枚，花药长圆形，长约4mm；花柱2枚，柱头帚状。颖果椭圆形至倒卵状椭圆形，长3.5～4.5mm。有柄小穗宿存，雄性或有时为中性，长5.5～8mm，绿黄色至紫褐色；稃体透明膜质，无芒。

细胞染色体 2n=20。

地理分布 苏丹草原产于非洲的苏丹高原。在欧洲、北美洲及亚洲大陆栽培广泛。1949年前已经引进，现南北各省均有较大面积的栽培。甘肃省陇南、天水、陇东及陇中均可种植苏丹草，在高海拔地区栽培要谨慎。

饲用价值 苏丹草适口性好，收获期应考虑到它的产草量，营养价值和再生能力。从饲料的产量和品质考虑，宜在抽穗及盛花期收割苏丹草。在气候寒冷，生长季节较短的地区，第一茬收割不宜过晚，否则二茬草的产量很低。如调制干草，最好在抽穗前收割，过迟可食性降低。青贮的苏丹草，在乳熟期收割为宜。苏丹草作为夏季利用的青饲料饲用价值很高，饲喂奶牛可维持高额产奶量。也可饲喂其他家畜。苏丹草的茎叶比玉米，高粱柔软，易于晒制干草。苏丹草再生力强，第一茬适于刈割鲜喂或晒制干草，第二茬以后，再生草进行放牧。苏丹草的茎叶产量高，含糖量丰富，在旱作区栽培，用来调制青贮饲料，饲用价值超过玉米青贮料。

021-1-苏丹草-花序 021-2-苏丹草-叶 021-3-苏丹草-全株 021-4-苏丹草-种子

高丹草

Sorghum bicolor（L.）Moench × *S. sudanense*（Piper）Stapf.

别名　杂交高粱，高粱苏丹草杂交种。

形态特征　一年生草本；须根，根系发达，株高2.5～4.5m，茎秆甜而多汁，叶量丰富，分蘖能力强，株高2.5～4.5m，叶长85～95cm，平均绿叶片数9片。单株分蘖数3～6个，再生能力强。全株含粗蛋白5.72%、粗脂肪2.4%、粗纤维33.0%、粗灰分5.75%。生物量比高粱和苏丹草高50%左右，适应性广，干物质产量可达10～27t/hm²。种子椭圆形，茎秆细小，叶片长又宽。具有苏丹草茎秆细、再生性好和饲用高粱产量高、抗性好的特点，且氢氰酸含量较低。

细胞染色体　2n=20。

地理分布　高丹草是根据杂种优势原理，用高粱和苏丹草杂交而成，由第三届全国牧草品种审定委员会最新审定通过的新牧草。高丹草现在我国南北均有栽培。甘肃省陇南、陇东、陇中及河西地区均有引种栽培。

饲用价值　高丹草具有高粱抗寒抗旱、耐倒伏、产量高等特性，也有苏丹草分蘖性强、营养价值高、氰化物含量低、适口性好、抗病性强等特性，是重要青饲及青贮一年生优良饲用作物。高丹草具有产量高、营养丰富、消化率高、适口性特别好等优良特性。可以用来饲喂牛、羊、兔、鱼等畜禽。生产上表现优质高产，效益明显。其不足点是茎叶鲜草含有氢氰酸，家畜采食过量易引起中毒。其可以放牧或刈割后青饲，也可用作青贮饲料或加工成干草。高丹草有较强的耐刈割能力，适于干草生产。高丹草茎叶产量高、含糖丰富，也适于调制青贮饲料，在黄土高原旱作区栽培，其青贮作饲料的价值超过普通玉米青贮料。

022-1-高丹草-花　　022-2-高丹草-叶　　022-3-高丹草-全株　　022-4-高丹草-种子

玉 米

Zea mays L.

别名　棒子、包谷、包米、玉茭。

形态特征　一年生草本植物。玉米的秆直立，通常不分枝，高1～2.5m，基部各节具气生支柱根。须根系，除胚根外，还从茎节上长出节根：从地下节根长出的称为地下节根，一般4～7层；从地上茎节长出的节根又称支持根、气生根，一般2～3层。主要分布在0～30cm土层中，最深可达150～200cm，茎直径2～4cm，高0.5～4cm，茎有节和节间，茎内充满髓，地上有8～20节，地下有3～7节。颖果球形或扁球形，成熟后露出颖片和稃片之外，一般长5～10mm，宽略过于其长，胚长为颖果的1/2～2/3。玉米雌花小穗成对纵列后发育成两排籽粒。谷穗外被多层变态叶包裹，称作包皮。所以玉米的列数一般为偶数列。

细胞染色体　2n=20，40，80。

地理分布　玉米原产于中南美洲。现在世界各地均有栽培。中国是全球第二大玉米生产国。玉米在甘肃省是仅次于小麦的第二大农作物，播种面积和产量基本上呈逐年增加的态势。甘肃省玉米种植遍及全省14个市。甘肃河西地区已发展成为甘肃玉米的主要产区和玉米杂交制种区。甘肃省部分地区有饲用玉米的种植。

饲用价值　玉米适口性好，能量高，可大量用于家畜的混合精料中，饲料是玉米最重要的消费渠道，约占消费总量的70%。玉米是鸡最重要的饲料原料，其营养价值高，最适于肉用仔鸡的肥育用。在鸡的配合饲料中，玉米的用量高达50%～70%。玉米喂猪的效果也很好，但要避免过量使用，以防热能太高而使背膘厚度增加。由于玉米中缺少赖氨酸，所以任何体重的猪日粮中均应添加赖氨酸。玉米作为饲料作物在我国的地位将日趋重要。

023-1-玉米-雄花　　023-2-玉米-叶　　023-3-玉米-全株　　023-4-玉米-种子

披碱草

Elymus dahuricus Turcz.

别名 直穗大麦草、野麦草。

形态特征 多年生草本。疏丛型，须根状，根深可达100cm。秆直立，高70～160cm。叶片长8～32cm，宽0.5～1.4cm，叶缘被疏纤毛。穗状花序直立，一般具有28～38个穗节，穗轴中部各节具2枚小穗，接近顶端及基部的仅具1枚；小穗含3～6个小花，二颖几等长，披针形；外稃背部被密短毛，芒长1.2～2.8cm；内稃脊被纤毛。基盘较大，马蹄型，斜截，凹陷，具长柔毛。小穗轴宿存，棒状，显著上粗下细，被细小纤毛，顶端膨大，凹陷；颖果长椭圆形，长约6mm，顶端钝圆，具淡黄色茸毛，腹面具宽而深的腹沟，沿沟底有一隆起的深褐色线。胚椭圆形，长约占颖果长的1/5，突起，尖端伸出。

024-1-披碱草-叶

细胞染色体 $2n=6x=42$。

地理分布 披碱草在中国主要分布于哈尔滨、沈阳、北京、太原、成都一线以西的广大地区，整个分布呈东北至西南走向，横跨黑龙江、吉林、辽宁，经内蒙古自治区东部、锡林郭勒盟、乌兰察布盟南部、河北坝上地区、阴山山地、伊克昭盟等地，进入山西、陕西、宁夏、甘肃以至四川西北部而达青海及新疆等地。甘肃披碱草栽培历史悠久，常作为高寒草原、草甸草原及高山草原等的补播草种。

024-2-披碱草-补播草地

饲用价值 披碱草为优质高产的饲草。在披碱草草丛中，叶占的比例较少，茎秆所占比例大，而质地粗硬，是影响饲料品质的主要原因。据测定，茎占草丛总重量的50%～70%，叶占16%～39%，花序占9.5%～19.0%。分蘖期各种家畜均喜采食。抽穗期至始花期刈割所调制的青干草，家畜亦喜食。迟于盛花期刈割调制的干草，茎秆粗硬而叶量少，可食性下降，利用率下降；为中等品质饲料。披碱草开花后迅速衰老，茎秆较粗硬，适口性不如其他禾本科牧草。

024-3-披碱草-穗

但在孕穗到始花期刈割，披碱草质地则较柔嫩，青绿多汁，青饲、青贮或调制干草，均为家畜喜食。其再生草用于放牧，饲用价值也高。披碱草除饲用价值外，其抗寒、耐旱、耐碱、抗风沙等特性是相当突出的，有其他禾本科牧草不能比拟的经济价值。

024-4-披碱草-种子

垂穗披碱草

Elymus nutans Griseb**.**

别名 钩头草、弯穗草。

形态特征 多年生草本。高50~70cm，栽培种80~120cm。根茎疏丛状，须根发达。秆直立，具3节，基部节稍膝曲。叶扁平，长6~8cm，宽3~5mm，两边微粗糙或下部平滑，上面疏生柔毛，叶鞘除基部外均短于节间；叶舌极短，长约0.5mm。穗状花序排列较紧密，小穗多偏于穗轴的一侧，曲折，先端下垂，长5~12cm. 通常每节具2小穗；小穗绿色，成熟带紫色，长12~5mm。

细胞染色体 2n=4x=28。

地理分布 分布于中国内蒙古、河北、陕西、甘肃、宁夏、青海、新疆、四川、西藏等地；俄罗斯和印度均有分布。垂穗披碱草栽培历史有50多年，在3 000~4 000m的草地上能安全越冬且种子成熟，在甘肃西南部、西北部等均有大面积栽培。

饲用价值 草质柔软，无刺毛、刚毛，无味，易调制干草。成熟后茎秆变硬，饲用价值降低。从返青至开花前，马、牛、羊最喜食，尤其是马最喜食；开花后期至种子成熟，茎秆变硬，只食其叶及上部较柔软部分。调制的青干草（开花前刈割），是冬、春季马、牛、羊的良等保膘牧草。开花前营养价值较高，开花后期营养价值略有下降，它含的粗灰分少，各个生长季节粗蛋白质含量变化幅度较小。属中上等品质牧草。垂穗披碱草可调制干草或与其他牧草切碎混合青贮，用以冬春补饲马、牛、羊，可以保膘。

025-1-垂穗披碱草-叶

025-2-垂穗披碱草-全株

025-3-垂穗披碱草-种子田

025-4-垂穗披碱草-种子

老芒麦

Elymus sibiricus L.

别名 西伯利亚披碱草。

形态特征 多年生草本。疏丛型，须根密集而发育。秆直立或基部稍倾斜，粉绿色，具3～4节，3～4个叶片（多叶老芒麦具5～6节，5～6个叶片），各节略膝曲。叶鞘光滑，下部叶鞘长于节间；叶舌短，膜质，长0.5～1mm。叶片扁平，内卷，长10～20cm，宽5～10mm（多叶老芒麦叶片长15～35cm，宽8～16mm），两面粗糙或下面平滑。穗状花序疏松下垂，长15～25cm，具34～38穗节，每节2小穗，有的芒部和上部每节仅具1小穗；小穗灰绿色或稍带紫色，含4～5枚小花。颖狭披针形，内外颖等长，长4～5mm，具3～5脉；外稃披针形，密被微毛，具5脉；第一外稃长8～11mm，芒稍开展或反曲，长10～20mm，内稃与外稃几等长，先端二裂，脊被微纤毛，颖果长椭圆形，易脱落。

细胞染色体 2n=28。

地理分布 分布于中国东北、西北、华北及四川、西藏等地；朝鲜、日本、蒙古、西伯利亚也有。老芒麦在甘肃高寒地区有大面积野生分布，人工栽培也有40多年历史，是高寒地区播种面积最大的禾本科牧草。

饲用价值 老芒麦适口性好。马、牛、羊均喜食，特别是马和牦牛喜食。是披碱草属中饲用价值较高的一种。开花前期各个部位质地柔软，花期后仅下部20cm处茎秆稍硬。叶量丰富，特别是叶片宽大。营养成分含量丰富，消化率较高，夏秋季节对幼畜发育，母畜产仔和牲畜的增膘都有良好的效果。叶片分布均匀，调制的干草各类牲畜都喜食，特别在冬春季节，幼畜、母畜最喜食。老芒麦对土壤要求不严，根系入土深，抗寒性很强，在甘肃高寒地区越冬性良好，是很有经济价值的栽培牧草。

026-1-老芒麦-叶

026-2-老芒麦-穗

026-3-老芒麦-种子

026-4-老芒麦-人工草地

鹅观草

Roegneria kamoji Ohwi

别名 弯鹅观草、弯穗鹅观草、垂穗鹅观草、弯穗大麦草。

形态特征 多年生草本。须根深15~30cm。秆直立或基部倾斜，疏丛生，高30~100cm。叶鞘外侧边缘常被纤毛；叶舌截平，长0.5mm；叶片扁平，光滑或稍粗糙。穗状花序长7~20cm，下垂，小穗绿色或呈紫色，长13~25mm（芒除外），含3~10花；颖披针形，边缘为宽膜质，顶端具2~7mm的短芒，有3~5脉，第一颖较第二颖短；外稃披针形，边缘宽膜质，背部5及基盘近无毛，芒长20~40mm；内稃约与外稃等长，先端钝，脊有翼。颖果稍扁，黄褐色，千粒重为1.9g。

细胞染色体 2n=42。

地理分布 在中国西部各省均有分布；朝鲜、日本也有。甘肃早期在山丹马场等地有人工种植。现作为补播草种在甘肃甘南等高寒草原、草甸草原及高山草原等均有栽培。

饲用价值 孕穗前，茎叶柔嫩，马、牛、羊、兔、鹅均喜食。抽穗后适口性下降。以利用青草期为宜，也可调制成干草。干物质中消化能4.10MJ/kg，可消化蛋白17g/kg。鹅观草是高海拔地区建立人工割草地的较好牧草品种。

027-1-鹅观草-叶

027-2-鹅观草-全株

027-3-鹅观草-穗

027-4-鹅观草-种子

无芒雀麦

Bromus inermis Leyss.

别名　无芒草、光雀麦、禾萱草。

形态特征　为多年生禾草。具短根状茎，根系发达，茎直立，高50～130cm。叶鞘闭合，长度常超过上部节间，光滑或幼时密被茸毛。叶片淡绿色，长而宽（6～8mm），一般5～6片，表面光滑，叶脉细，叶缘有短刺毛。无叶耳，叶舌膜质，短而钝。圆锥花序，长10～20cm（栽培种达15～30cm）。穗轴每节轮生2～8个枝梗，每枝梗着生1～2个小穗，开花时枝梗张开，种子成熟时枝梗收缩。小穗近于圆柱形，由4～8花组成。颖狭而尖锐，外稃具5～7脉，顶端微缺，具短尖头或1～2mm的短芒；子房上端有毛，花柱生于其前下方；种子扁平，暗褐色。千粒重2.44～3.74g。

细胞染色体　2n=28，42，56，70。

地理分布　在中国东北、华北、西北等地有广泛分布，并有栽培品种。野生种广布于亚洲、欧洲和北美洲的温带地区，多分布于山坡、道旁、河岸。经过选育该草已成为亚洲、欧洲和北美洲干旱寒冷地区的一种重要栽培牧草。无芒雀麦在甘肃已有60多年的栽培历史，尽管面积不大，但栽培范围广，在甘肃中部、西南部等广大地区均有栽培，特别是在高寒牧区作为刈割和放牧草地具有其他草种难以代替的作用。可作为甘南、陇东及西祁连山区的当家草种。

饲用价值　无芒雀麦叶量大、适口性好，营养丰富，各种家畜均喜食。其化学成分、可消化蛋白质的含量随着生长而呈下降趋势。但总可消化干物质则呈增加。产量的高峰在抽穗期，粗蛋白质含量在此时也达最高。无芒雀麦可以刈制干草，也可放牧利用。制干草，每年刈割2次，再生草放牧。也可与豆科牧草混播。与紫花苜蓿混播，可以提供优质干草和放牧草地，显著提高家畜的产量和质量。还可以与红豆草、红三叶草混播建成良好的刈草地和放牧草地。

028-1-无芒雀麦-叶　　028-2-无芒雀麦-花序　　028-3-无芒雀麦-全株　　028-4-无芒雀麦-种子

新麦草

Psathyrostachys juncea（Fisch.）Nevski

别名　俄罗斯野黑麦、灯心草状披碱草。

形态特征　多年生草本。高40～110cm。具短而强壮的根状茎。秆基部密集枯萎的叶鞘，叶鞘无毛。叶片质软，长约10cm，宽约4mm。穗状花序顶生，长5～12cm，宽5～7mm，花序下部为叶鞘所包，穗轴具关节，每节具小穗2枚或3枚，小穗草黄色，含1～2小花，长8～11mm；颖锥形，脉不明显，长4～5mm；外稃遍布密生小硬毛，第一外稃长7～8mm，顶端具1～2mm的小尖头；子房上端有毛。

细胞染色体　$2n=14$。

地理分布　产于中国新疆天山以北及西藏等地；蒙古、中亚、俄罗斯、美国、加拿大均有分布。内蒙古、河北、甘肃建有人工草地。新麦草是一种旱生疏丛型半下繁禾草，山地草原草场上的伴生物种或共建物种之一，多生长在地表砂砾质的阴坡、半阳坡和山谷，土壤为砂壤，砂砾质的淡栗钙土及棕钙土。对水分条件要求很高，但也能在比较干旱的贫瘠土壤上生长，并能适应中度盐渍化的土壤。在山地草原、山地荒漠草原中与其他旱生植物共同组成不同的草场类型。在甘肃中西部均有人工栽培。

饲用价值　新麦草蛋白质含量相对较高，适口性好，青、干草各类家畜均喜食。新麦草每年开花期，易于调制干草。秋后丛生叶残留良好，以新麦草为优势种的草地，适宜放牧马、羊和牛，尤其是放牧绵羊最佳。新麦草属短根茎下繁禾草，分蘖能力强，再生能力好，抗寒、抗旱、耐践踏，秋后丛生叶残留良好，最适宜放牧。用新麦草建植的人工草地，是马、牛、羊良好的放牧场。新麦草也可用于退化草地的补播和改良。

029-1-新麦草-花序　029-2-新麦草-全株　029-3-新麦草-叶　029-4-新麦草-种子

冰 草

Agropyron cristatum（L.）Gaertn.

别名 扁穗冰草、羽状小麦草、野麦、山麦草。

形态特征 多年生草本。须状根，密生，外具砂套；疏丛型。秆直立，基部的节微呈膝曲状，高30～50cm，具2～3节。叶长5～10cm，宽2～5mm，边缘内卷。穗状花序直立，长2.5～5.5cm，宽8～15mm，小穗水平排列呈篦齿状，含4～7花，长10～13mm，颖舟形，常具2脊或1脊，被短刺毛；外稃长6～7mm，舟形，被短刺毛，顶端具长2～4mm的芒，内稃与外稃等长。千粒重2g左右。

细胞染色体 2n=28，其X=7，为四倍体。

地理分布 冰草在中国主要分布在黑龙江、吉林、辽宁、河北、山西、陕西、甘肃、青海、新疆和内蒙古等地干旱草原地带；欧洲、西伯利亚及中亚地区和蒙古也有。在甘肃省的中部、东部及河西地区均有人工栽培。

饲用价值 冰草草质柔软，是优良牧草之一，营养价值较高。但是干草的营养价值较差，在幼嫩时马和羊最喜食，牛和骆驼喜食。在干旱草原区把它作为催肥牧草，但开花后适口性和营养成分均有降低。冰草对于反刍家畜的消化率和可消化成分亦较高，在干旱草原区是一种优良天然牧草。种子产量很高，易于收集，发芽力颇强。因此，在甘肃不少地方均有栽培，并成为重要的栽培牧草，既可放牧又可割草；既可单种又可和豆科牧草混种。冬季枝叶不易脱落，仍可放牧，但由于叶量较小，相对降低了饲用价值。由于冰草的根为须状，密生，具砂套和入土较深特性。因此，它又是一种良好的水土保持植物和固沙植物。

030-1-冰草一叶

030-2-冰草-穗

030-3-冰草-全株

030-4-冰草-种子

沙生冰草

Agropyron desertorum（Fisch.）Schult.

别名　荒漠冰草。

形态特征　多年生草本。具横走或下伸的根状茎，须根外具砂套。秆直立，高30～50cm，呈疏丛型，光滑或在花序下被柔毛。叶鞘短于节间，紧密裹茎，叶舌短小；叶片长5～10cm，宽1～1.5mm，多内卷成锥状。穗状花序直立，圆柱形，长2～9cm，宽5～9mm；小穗长4～9mm，含4～6小花；颖舟形，第一颖长2～3mm，第二颖长3～4mm，芒长达2mm；外稃舟形，长5～6mm，基盘钝圆，芒长1～1.5mm；内稃等长或微长于外稃。颖果与稃片黏合，长约3mm，红褐色，顶端有毛。

细胞染色体　2n=14，28。

地理分布　分布在欧、亚大陆之温带草原区。产于中国吉林、辽宁省西部、内蒙古、山西、甘肃、新疆等地；蒙古及俄罗斯也有分布。对土壤不苛求，但通常喜生于沙质土壤、沙地、沙质坡地及沙丘间低地。在沙地植被中主要作为伴生种出现，有时在局部覆沙地或沙质土壤上可成优势种，形成沙生冰草草原。耐旱和耐寒性强，但对自然降水量要求为150～400mm，是一种比较典型的草原性旱生植物。甘肃中西部地区有人工栽培草地。

饲用价值　鲜草草质柔软，为各种家畜喜食，尤以马、牛更喜食。沙生冰草在反刍动物中，有机物质消化率较高。再生性也较好，适宜放牧利用。到冬季地上部分茎叶能较好地残留下来，渐干枯的叶子也能牢固地残留在茎上。利用沙生冰草改良的草场，应注意载畜量，过高则使沙生冰草退化，同时，始牧期也不易过早。

031-1-沙生冰草-叶

031-2-沙生冰草-穗

031-3-沙生冰草-全株

031-4-沙生冰草-种子

沙芦草

Agropyron mongolicum Keng

别名　蒙古冰草、麦秧子草。

形态特征　多年生草本。根须状，具砂套及根状茎。秆直立，高40~90cm，节常膝曲，具2~3（6）节，叶鞘短于节间，叶舌长0.5mm；叶片长10~15（30）cm，宽2~4mm，无毛，边缘常内卷成针状。穗状花序，长8~10（14）cm，宽5~7mm，穗轴节间长3~5mm，小穗排列疏松，长8~14mm，含3~8小花；第一颖长3~6mm．第二颖长4~7mm；外稃无毛或被微毛，基盘钝圆，第一外稃长6~7mm。颖果椭圆形，长4mm．淡黄褐色。

细胞染色体　2n=14。

地理分布　沙芦草分布于中国内蒙古、山西、宁夏、陕西、甘肃及新疆等地；欧洲、中亚和蒙古均有分布。沙芦草是荒漠草原和典型草原地带沙地的主要植被之一，根系发达，可深入100~150cm，集中分布于20~60cm的土层中。沙芦草的地上部分虽然在幼苗期和播种第一年生长都比较缓慢，但它的地下根部发育较快。沙芦草是比较典型的旱生植物，它很耐干旱和风沙。在甘肃中西部均有人工栽培。

饲用价值　沙芦草是干旱草原地区的优良牧用禾草之一。早春鲜草为羊、牛、马等各类牲畜所喜食，抽穗以后适口性降低，牲畜不太喜食，秋季牲畜喜食再生草，冬季牧草干枯时牛和羊也喜食。蒙古冰草有机物质消化率较高。沙芦草是一种生产性能比较良好的饲用兼生态用牧草，其叶量较大、结实率较高、种子萌发快、发芽率高等生物学特性。沙芦草又是良好的固沙植物，适宜作为退化草场人工补播的草种；在沙区，是改良沙地草场比较理想的牧草。

032-1-沙芦草—叶

032-2-沙芦草—穗

032-3-沙芦草—人工草地

032-4-沙芦草—种子

长穗偃麦草

Elytrigia elongata（Host）Nevski

别名 高冰草、长麦草。

形态特征 多年生禾草。须根坚韧，具短根茎。秆直立，具3~5节，高100~120cm，在良好的栽培条件下可达130~150cm。叶鞘通常短于节间，边缘膜质；叶舌长约0.5mm，顶具细毛；叶耳膜质，褐色；叶片灰绿色，长15~40cm，宽6~15mm。穗状花序直立，长10~30cm，小穗长1.4~3cm，含5~11花；颖矩圆形，顶端稍平截，具5脉；外稃宽披针形，先端钝或具短尖头，具5脉；内稃稍短于外稃。

细胞染色体 $2n=10x=70$。

地理分布 原产欧洲南部和小亚细亚，目前在北美洲西部温暖地带有较多地种植。20世纪80年代以来，中国从世界各地搜集了一些偃麦草种子，已开始在北方及东部沿海盐碱土上种植。在甘肃兰州生长良好，在灌溉条件下能获得高产，且种子产量高。长穗偃麦草是耐寒、耐旱、耐湿又耐盐碱的牧草，在盐碱地上及北方干旱半干旱地区有广泛的利用前景。

饲用价值 尽管长穗偃麦草茎叶较粗糙，其适口性仍然很好，早期鲜草各种家畜喜食，抽穗以后适口性降低，冬季牧草干枯时牛和羊也较为喜食。其草场在收种后和晚秋可以用来放牧，夏末可以刈割晒制干草。为了保证草的质量，应在抽穗期刈割尤其早春晚秋营养生长期更刈割。

033-1-长穗偃麦草-花序

033-2-长穗偃麦草-全株

033-3-长穗偃麦草-叶

033-4-长穗偃麦草-种子

中间偃麦草

Elytrigia intermedia（Host）Nevski

别名　中间冰草、天兰冰草。

形态特征　多年生草本。具横走根状茎，秆直立，粗壮，高70～130cm，具6～8节，叶片质硬条形，长20～35cm，宽0.5～1.2cm，上面粗糙，下面较平滑。穗状花序直立，长20～30cm；穗轴节间长6～16mm；小穗长10～15mm，含3～6小花；颖矩圆形，先端截平而稍偏斜，具5～7脉；外稃宽披针形，无毛；内稃与外稃等长。种子千粒重5.2g。

细胞染色体　2n=28，42。

034-1-中间偃麦草-花序　　034-2-中间偃麦草-小穗

地理分布　原产于东欧，天然分布在高加索、中亚的东南部草原地带，1932年由前苏联引入美国，几年后引入加拿大，现成为北美洲西部干旱地区的重要栽培牧草。中国1974年引入，经在青海、内蒙古、北京及东北等地试种。中间偃麦草抗逆性强，对土壤条件要求不严。抗寒、耐旱，在甘肃年降水量300cm的地区，可以良好地生长。在甘肃兰州种植，普遍表现耐寒、耐旱，生长势强，再生性较好，株体高大，茎叶繁茂，在高寒、干旱及半干旱草原是一个有发展前途的草种。

饲用价值　中间偃麦草叶量丰富，草质优良，适口性好，牛、马、羊均喜食。刈割晒制干草，产草量较高，在兰州地区一年可刈割2次。要注意适期刈割，过早草质虽好，但产草量低。过晚，草质粗糙，适口性差，饲用价值低。一般以抽穗期为宜。在早春夏末可用以放牧，切忌重牧或频发。中间偃麦草与苜蓿、红豆草、无芒雀麦、鹅观草等混播，尤其和豆科牧草混播可以提高产量和改善草的品质。

034-3-中间偃麦草-人工草地　　034-4-中间偃麦草-种子

偃麦草

Elytrigia repes（L.）Nevski

别名　长穗冰草、速生草。

形态特征　多年生草本。具横走的根状茎，秆呈疏丛，直立，高60～80cm，光滑，具3～5节。叶鞘无毛或分蘖的叶鞘具柔毛。叶片质地较柔软，扁平，长10～20cm，宽5～10cm。穗状花序直立，长10～18cm，宽8～15mm；小穗单生于穗轴之每节，含6～10花，长12～18mm，成熟时脱节于颖之下，小穗轴不于诸花间折断；颖披针形，具5～7脉，边缘膜质，长10～15cm；外稃具5～7脉，顶端具短尖头，基部有短小基盘，第一外稃长约12mm；内稃短于外稃，脊生纤毛；子房上端有毛。

细胞染色体　2n=6x=42。

地理分布　分布在中国东北、内蒙古、宁夏、甘肃、青海、新疆和西藏等地；蒙古、中亚和西伯利亚、朝鲜、日本、印度、马来西亚也有分布。甘肃兰州种植4月中下旬返青，7月初抽穗，下旬开花，8月下旬至9月初种子成熟。产量高，在甘肃东部、中部和河西地区有灌溉条件下生长更好。

饲用价值　偃麦草为马、牛和羊所喜食，牛最喜食。抽穗前草质鲜嫩，含纤维素少并具有甜味，家畜更喜食。适宜刈割调制干草，叶片保留程度好，冬季枯草茎叶也保留较好，也为各种家畜喜食。偃麦草在结实以前含蛋白质较高，营养状况良好，可制成干草作冷季补饲。偃麦草为抗逆性强的优良品种，叶量较丰富，是建立长期人工草地很有前途的栽培种。同时，偃麦草作为中生根茎疏丛型禾草，是草甸草场重要组成植物。主要出现在平原低洼地、河漫滩、湖滨、山沟或沙丘间低地等湿润生境，也是放牧利用的优良牧草。

035-1-偃麦草-花序　　035-2-偃麦草-叶　　035-3-偃麦草-全株　　035-4-偃麦草-种子

杂交狼尾草

Pennisetum americanum（L.）×*P. purpureum* Schum.

形态特征　多年生草本。株型紧凑，高约3.5～4.0m，根系发达，分蘖多，最多达15～20个。茎直立、圆形，粗壮，丛生；主茎叶片20多片，条形互生，长60～80cm，宽2.5cm；穗状圆锥花序长20～30cm；小穗披针形，2～3枚簇生成束。小花不孕，不结种子，商品用杂种一代种子需年年制种。故多用茎秆或分株繁殖。种子千粒重7.0g左右。

细胞染色体　2n=21。

地理分布　中国主要在海南、广东、广西、福建、江西、江苏、浙江等省（区）栽培。在华南可以自然越冬，在江苏、浙江则需移入温室保护种苗越冬。在甘肃陇南部分地区可种植。在甘肃兰州种植具有较高产量，但越冬比较差。

饲用价值　杂交狼尾草幼嫩时，各种家畜均喜食，质地柔软，生长快，叶量丰富。可放牧，也可刈制干草或青贮，开花后，粗纤维增加，适口性降低。杂交狼尾草粗蛋白质含量较高，为9.95%，粗脂肪含3.47%，且含有丰富的氨基酸。杂交狼尾草籽实灰色，米质粳性，可食用，更是优质精料。其特性为优质高产，无病虫害，羊、牛、兔、鹅、鱼等草食动物喜食，籽实收获后，秸秆仍保持绿色，可调制青贮，或作粗饲料利用，是草食家畜和草食鱼类优质青饲料。

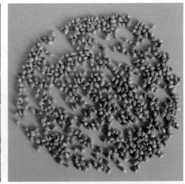

036-1-杂交狼尾草-叶　　036-2-杂交狼尾草-花序　　036-3-杂交狼尾草-全株　　036-4-杂交狼尾草-种子

多花黑麦草

Lolium multiflorum Lam.

别名　一年生黑麦草、意大利黑麦草。

形态特征　一年生或短寿多年生禾本科草。须根密集，主要分布在15cm以上的土层中。秆呈疏丛，直立，高80～120cm；叶鞘较疏松；叶舌较小或不明显；叶片长10～30cm，宽3～8mm。穗状花序长15～25cm，宽5～8mm；小穗以背面对向穗轴，长10～18mm，含10～15（20）小花；颖质较硬，具5～7脉，长5～8mm；外稃质较薄，具5脉，第一外稃长6mm，芒细弱，长约5mm；内稃与外稃等长。颖果扁平菱形，千粒重1.5～2.0g。

细胞染色体　2n=14。

地理分布　原产于欧洲南部，非洲北部及小亚细亚等地，广泛分布在英国、美国、丹麦、新西兰、澳大利亚、日本等温带降雨量较多的国家。在中国适生于长江流域以南地区，在江西、湖南、湖北、四川、贵州、云南、江苏、浙江等地均有人工栽培种。甘肃南部、中东部亦有栽培。

饲用价值　茎叶柔嫩，适口性好，各种家畜均喜食。可刈割和青饲或调制干草，也可放牧利用，还可作为鱼类的好饵料。多花黑麦草品质优良，富含蛋白质，纤维少，营养全面，是世界上栽培牧草中优等牧草之一。

037-1-多花黑麦草-花序

037-2-多花黑麦草-叶

037-3-多花黑麦草-人工草地

037-4-多花黑麦草-种子

多年生黑麦草

Lolium perenne L.

别名 黑麦草。

形态特征 多年生草本。具细弱的根状茎，须根稠密；秆多数丛生，呈疏丛型，质地柔软，基部常斜卧，高50~100cm，具3~4节；叶鞘疏松，通常短于节间，叶舌短小。叶长10~25cm，宽3~6mm，质柔软，被微毛。穗状花序长10~30cm，宽5~7mm；小穗含5~11小花，长1~1.4cm；颖短于小穗，具5脉；外稃披针形，具5脉，顶端通常无芒，第一外稃长7mm，内稃与外稃等长。

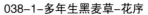

038-1-多年生黑麦草-花序

038-2-多年生黑麦草-叶

细胞染色体 2n=14。

地理分布 目前已在英国、欧洲、新西兰、北美和澳大利亚沿海与高地广泛栽培利用。在中国南方及中北部较温暖湿润地区都有栽培。作为草坪草，在中国各地广泛种植。甘肃东部、南部和中部等大部分地区均有栽培。

饲用价值 适口性好，各种家畜均喜食。多年生黑麦草是世界上最重要的栽培多年生禾本科牧草之一，适宜我国南方高山地区栽培，是冬春季节最好的饲草，宜刈割青饲、晒制干草，也可作为优良的放牧场。适宜作为3—4年短期草地利用。早期收获的饲草叶多茎少，质地柔嫩，适宜调制成优质干草，也适宜放牧利用。多年生黑麦草营养生长期长，形成茂盛的草丛，富含粗蛋白质，叶丛期的饲料质量尤佳。

038-3-多年生黑麦草-人工草地

038-4-多年生黑麦草-种子

早熟禾

Poa annua L.

别名　稍草、小青草、小鸡草、冷草、绒球草。

形态特征　早熟禾属一年生或二年生草本。秆细弱，丛生，高8~30cm，叶鞘自中部以下闭合；叶舌钝圆，长1~2mm；叶片柔软，长4~10cm，宽1~5mm。圆锥花序开展，长2~7cm，每节有分枝1~2个；小穗长3~6mm，含3~6花；颖边缘宽膜质，第一颖长1.5~2mm，具一脉，第二颖长2~3mm，具3脉；外稃卵圆形，边缘及顶端呈宽膜质，五脉明显，脊2/3以下和边缘1/2以下具柔毛，基盘无绵毛；第一外稃长3~4mm，内稃脊上具长柔毛。花药长0.5~1mm。颖果纺锤形，长约2mm。花果期7—9月。

细胞染色体　2n=42。

地理分布　生于田边、路边、村边、草地或阴湿处。分布在我国大部分省区。甘肃大部分地区有分布，甘肃东部、中部、南部等均有人工栽培。

饲用价值　早熟禾茎叶柔嫩，春季返青早，适口性好，为各种家畜所喜食。营养丰富，开花期其粗蛋白质含量占干物质的10.97%，粗脂肪3.69%，粗纤维23.22%，无氮浸出物55.09%，粗灰分7.03%，钙0.68%，磷0.20%。在饲用评价上属于良等饲用植物。

039-1-早熟禾-花序

039-2-早熟禾-叶

039-3-早熟禾-人工草地

039-4-早熟禾-种子

冷地早熟禾

Poa crymophila Keng

别名　青海冷地早熟禾。

形态特征　多年生草本。具砂套，有根状茎。秆丛生，直立，稍压扁，高30~65cm，具2~3节，叶鞘平滑，基部略带红色；叶舌膜质；叶片条形，对折内卷，先端渐尖，长3~9.5cm，宽0.7~1.3mm。圆锥花序狭窄而短小，长形，花序长4.5~8.0cm.通常每节具2~3个分枝。小穗灰绿色而带紫色，长3~4mm，含1~2小花，小穗轴无毛；颖质稍厚，卵状披针形，具3脉，第一颖长1.5~3.0mm，第二颖长3~3.5cm；外稃长圆形，先端膜质，间脉不明显，基盘无毛，第一外稃长3~3.5mm；内稃与外稃等长。颖果纺锤形，成熟后褐色。

地理分布　为中国特产，主要分布在青海、甘肃、西藏、四川、新疆等地；印度有少量分布。甘肃省南部有野生分布，在兰州灌溉条件种植生长良好，结实性能好，结实率可达80%。甘肃中部、西南部有人工栽培。

细胞染色体　2n=28。

饲用价值　茎秆直立、柔软，略带甜味，适口性好。据分析，各个不同发育期粗蛋白质以抽穗期最高，完熟期含量下降。因此，利用时期以开花期为最佳。开花前马、牛、羊最喜食，开花后虽然粗蛋白质含量有所下降，但由于草质柔软，适口性并不降低。是夏、秋各类家畜的抓膘优良牧草、冬春则是家畜的保膘草，青干草是冬春的良好补饲草，粉碎后猪也喜食。冷地早熟禾枝叶茂盛，营养枝发达，营养生长期较长，种子成熟后枝叶仍保持青绿，叶片不易脱落，叶片所占比重也较大。为优质牧草。冷地早熟禾是根茎疏丛性禾草，株高中等，为割草和牧刈兼用型的优良牧草。

   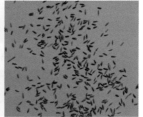

| 040-1-冷地早熟禾-叶 | 040-2-冷地早熟禾-花序 | 040-3-冷地早熟禾-人工草地 | 040-4-冷地早熟禾-种子 |

羊茅

Festuca ovina L.

别名 酥油草、狐茅。

形态特征 多年生草本。密丛型，根须状，秆瘦细，直立，高15～35cm，仅近基部具1～2节。叶鞘开口几达基部，无毛。叶片内卷呈针状，质较软，长2～6cm，分蘖叶片长可达20cm。圆锥花序紧缩，有时几成穗状，长2.5～5cm，小穗绿色或带紫色，长4～6mm，含3～6小花；颖披针形，第一颖长1.5～3mm，第二颖长3～4mm；第一外稃长圆状披针形，长3～4.5mm。先端具短芒。千粒重4.0g。

细胞染色体 2n=14，28，42，56，70。

地理分布 在中国多分布于西南、西北各地的高山地、至亚高山地，东北、内蒙古草原和四川西部山地2 800～4 700m处也有分布；欧洲、亚洲及美洲的温带区域有分布。甘肃典型草原、山地草原的重要伴生种，在甘肃中部、西南部及河西地区有人工栽培。

饲用价值 羊茅叶量丰富，茎秆细软，适口性好，抽穗前各种家畜均喜食，羊、马最喜食。抽穗后，适口性下降。冬季保存性好，是春秋及冬季最佳放牧利用时期。羊茅为密丛型下繁草，基生叶丛发达，形成具有弹性的生草土，因此，耐践踏和耐牧。羊茅虽矮小，但分蘖力强，营养枝发达，茎生叶丰富，耐低温，返青早，枯黄晚，冬季地上部不全枯黄，茎基部带青绿色。其营养价值高，是牧区的"上膘草、酥油草"。羊茅是有栽培前途的野生牧草之一，除了饲用还可用绿化美化，于路旁、高尔夫球场障碍区及其他不经常使用的低质量草坪。

041-1-羊茅-花序

041-2-羊茅-叶

041-3-羊茅-人工草地

041-4-羊茅-种子

苇状羊茅

Festuca arundinacea Schreb.

别名 苇状狐茅、高羊茅。

形态特征 多年生草本。根系发达而致密，多数分布在10～15cm的土层中。秆呈疏丛，高50～90cm。叶条形，长30～50cm，宽0.6～1.0cm。圆锥花序开展，长20～30cm，小穗卵形，长15～18cm，4～5小花，常淡紫色；颖窄披针形，有脊，具1～3脉；外稃披针形，具5脉，无芒或具小尖头；内稃与外稃等长或稍短，脊上具短纤毛；花药条形，长约4mm。

细胞染色体 2n=28、42、70。

地理分布 原产于西欧，天然分布在乌克兰的伏尔加河流域、北高加索、土库曼山地，西伯利亚，远东等地。中国新疆有野生种。20世纪20年代初英国、加拿大、美国开始栽培，目前在北美东部湿润地区和西部干旱草原广泛种植。20世纪70年代以来，中国先后从澳大利亚、荷兰、加拿大、美国引进部分苇状羊茅品种，经在北京、河北、山东、山西、新疆等地区试种，普遍表现适应性强，生长繁茂。在甘肃东部、南部及中部的大部分地区都能适应，兰州地区生长表现良好，耐干旱，可安全越冬，生长迅速，发育正常，比一般牧草具有更广泛的适应性，是甘肃建立人工草场及改良天然草场较好的草种。

饲用价值 枝叶繁茂，生长迅速，再生性强，在甘肃中下等肥力的土壤条件下表现也很突出，产草量依水分条件和土壤肥力及管理水平而变化，生境适宜可发挥高产潜力。苇状羊茅叶量丰富，草质较好，如能掌握利用适期，苇状羊茅可保持较好的适口性和利用价值。苇状羊茅属上繁草，适宜刈割青饲或晒制干草，为了确保其适口性和营养价值，刈割应在抽穗期进行。春季、晚秋以及收种后的再生草还可以进行放牧。但重牧或频牧会抑制苇状羊茅的生长发育，应予合理轮牧。可和白三叶、红三叶、紫花苜蓿、沙打旺混播，建立高产优质的人工草地。苇状羊茅也是一种适应性很广的优良草坪草种，是冷季型草坪草中最耐干旱和耐践踏的草种之一。近年来，我国苇状羊茅的种植面积不断扩大，在城市绿化、运动场、机场建设和公路等石质边坡生态治理建设中广泛应用。

042-1-苇状羊茅-叶 042-2-苇状羊茅-花序 042-3-苇状羊茅-全株 042-4-苇状羊茅-种子

紫羊茅

Festuca rubra L.

别名　红狐茅。

形态特征　多年生禾草。具横走根茎，秆疏丛生，基部斜生或膝曲，兼具鞘内和鞘外分枝。秆细，高45～70cm，具2～3节，顶节位于秆下部1/3处。叶片对折或内卷，宽1～2mm，长10～20cm。叶鞘基部者长，上部者短于节间。分蘖叶的叶鞘闭合。成长后基部叶鞘红棕色，破碎呈纤维状。圆锥花序狭窄，长9～13cm，宽0.5～2cm。每节具1～2分枝，分枝直立或贴生，中部以下常裸露。小穗淡绿色或先端紫色，含3～6个小花。颖果长菱形，不易脱落，遇雨潮湿常在果柄上发芽。花期6—7月。

细胞染色体　2n=14，28，42，56，70。

地理分布　广泛分布于北半球温寒带地区，欧亚大陆都有分布。在欧洲天然草地能生长丛密的草层，形成草甸；也常栽培，特别在潮湿的沙质土壤中生长成丰盛的草丛，在生长盛期，下部叶常变为棕褐色。在中国东北、华北、华中、西南及西北等地都有分布。对土壤要求不严格，能耐瘠薄土壤，在沙质土壤生长良好，根系充分发育；在黏土、沙壤土均可种植生长。在甘肃兰州种植生长良好，形成很密的草丛，春季萌发后或利用后的再生草生长很快，利用期长，属于长寿的多年生草。

饲用价值　适口性良好，牛、羊、兔、鹅等各种家畜都喜食，在供给家畜青饲料有良好的价值。粗蛋白质占干物质的21%，粗纤维只有24.6%。有机质消化率较羊茅高10%。紫羊茅主要用于放牧，亦可用以调制干草。叶片纵卷闭合。从茎叶比看，叶片所占的比重是非常高的，除生殖期外，几乎全部由叶组成，而且质地柔软，利用率很高。前期生长很慢，注意除草。紫羊茅具有厚密的植丛，浓绿的叶部，耐刈割，生长发育整齐，能保持一致的嫩绿颜色，常采用作草坪植物，为优质的细叶草坪；紫羊茅根系发育能力很强，同时也是良好的水土保持植物。

043-1-紫羊茅花序　　043-2-紫羊茅-叶　　043-3-紫羊茅-全株　　043-4-紫羊茅-种子

鸭 茅

Dactylis glomerata L.

别名 果园草、鸡脚草。

形态特征 多年生草本。疏丛型，须根系，密布于10~30cm的土层，深的可达1m以上。秆直立或基部膝曲，高70~120cm（栽培的可达150cm以上）。叶鞘无毛，通常闭合达中部以上，上部具脊；叶舌长4~8mm，顶端撕裂状；叶片长20~30（45）cm，宽7~10（12）mm。圆锥花序开展，长5~20（30）cm；小穗多聚集于分枝的上部，通常含2~5花；颖披针形，先端渐尖，长4~5（6.5）mm，具1~3脉；第一外稃与小穗等长，顶端具长约1mm的短芒。颖果长卵形，黄褐色。

细胞染色体 2n=14，28，42。

地理分布 鸭茅原产欧洲、北非和亚洲温带，后引入全世界温带地区。鸭茅在中国野生种分布在新疆、天山山脉的森林边缘地带、四川的峨嵋山、二郎山、邛崃山脉、凉山及岷山山系海拔1 600~3 100m的森林边缘、灌丛及山坡草地；散见于大兴安岭东南坡地。鸭茅适应的土壤范围较广，在肥沃的壤土和黏土上生长最好，但在稍贫瘠干燥的土壤上也能得到好的收成。它系耐阴低光效植物，提高光照强度，并不能显著提高光合效率，所以，宜与高光效牧草重作物间、混、套作，以充分利用光照，增加单位面积产量。栽种鸭茅除驯化当地野生种外，多引自丹麦、美国、澳大利亚等国。目前，青海、甘肃、陕西、吉林、江苏、湖北、四川及新疆等地均有栽培。甘肃兰州地区生长良好，可以安全越冬。

饲用价值 鸭茅草质柔嫩，牛、马、羊、兔等均喜食，幼嫩时尚可用以喂猪。叶量丰富，叶占60%茎约占40%。鸭茅可用作放牧或制作干草，也可收割青饲或制作青贮料。鸭茅的化学成分随其成熟度而下降。再生草叶多茎少，基本处于营养生长，其成分与第一次收割前的孕穗期相近；钾、磷、钙、镁的含量也随成熟度而下降，铜含量在整个生长期变化不大。第一次收割的草含钾、铜、铁较多，再生草含磷、钙、镁较多。在良好的条件下，鸭茅是长寿命多年生草，一般6~8年，多者可达15年，以第二、第三年产草量最高。春季萌发早，发育极快，收干草或种子较无芒雀麦早，较猫尾草约早3周。放牧或割草以后，恢复很迅速。鸭茅以抽穗时刈割为宜，此时茎叶柔嫩，质量较好。收割过迟，纤维增多，品质下降，还会影响再生。鸭茅大量的茎生叶和基生叶适合放牧、青贮或刈制干草。连续重牧，不能较好长久地保持生长；如果放牧不充分，形成大的株丛，就会变得粗糙而降低适口性，故适宜轮牧。

044-1-鸭茅-叶

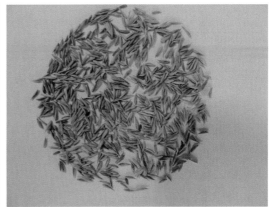

044-2-鸭茅-花序

044-3-鸭茅-人工草地

044-4-鸭茅-种子

芨芨草

Achnatherum splendens（Trin.）Nevski

别名 积机草，席箕草。

形态特征 多年生草本。须根具砂套，多数丛生、坚硬。草丛高50～100（250）cm，丛径50～70（140）cm。叶片坚韧，纵间卷折，长30～60cm。圆锥花序长40～60cm，开花时呈金字塔形展开，小穗长4.5～6.5mm，灰绿色或微带紫色，含1小花；颖膜质，披针形或椭圆形，第一颖较第二颖短；外稃厚纸质，长4～5mm，具5脉，背部密被柔毛；基盘钝圆，有柔毛；芒直立或微曲，但不扭转，长5～10mm，易脱落；内稃有2脉，脊不明显，脉间有毛。

地理分布 在中国北方分布很广，从东部高寒草甸草原到西部的荒漠区，以及青藏高原东部高寒草原区均有分布，主要分布在黑龙江、吉林、辽宁、内蒙古、陕西、宁夏、甘肃、新疆、青海、四川、西藏等地；蒙古、俄罗斯也有分布。芨芨草具有广泛的生态可塑性，在较低湿的碱性平原以至高达5 000m的青藏高原，从干草原带一直到荒漠区，均有芨芨草生长，但它不进入林缘草甸。在复杂的生境条件下，可组成有各种伴生种的草地类型，它是盐化草甸的重要建群种。根系强大，耐旱、耐盐碱、适应黏土以至砂壤土。甘肃东部、中部、西南部及河西地区均有分布，作为水土保持和固沙植物近年来在甘肃中部及西部地区有人工栽培。

细胞染色体 2n=48。

饲用价值 芨芨草为中等品质饲草，对于中国西部荒漠、半荒漠草原区，解决大牲畜冬、春饲草具有一定作用，终年为各种牲畜所采食，但时间和程度不一。骆驼、牛喜食，其次马、羊。春季、夏初，嫩茎叶为牛、羊喜食，夏季茎叶粗老，骆驼喜食，马次之，牛、羊不食。霜冻后的茎叶各种家畜均采食。但在生长旺期仍残存着枯枝，故降低可食性，也给机械收获带来困难。芨芨草生长高大，为冬、春季牲畜避风卧息的草丛地，当冬季矮草被雪覆盖，家畜缺少可饲牧草的情况下，芨芨草便是主要饲草。因此，牧民习惯以芨芨草多的地方作为冬营地或冬、春营地。大面积的芨芨草草滩为较好的割草地，割后再生草亦可放牧家畜。开花始期刈割，可作为青贮原料。产草量各地有显著差异。就饲用而言，芨芨草质量不高，主要是与它的茎叶粗糙且韧性较大有关，家畜采食困难。开花以前粗蛋白质和胡萝卜素含量较丰富，拔节至开花以后逐渐降低，而粗纤维含量增加，适口性下降。在拔节期间，芨芨草粗蛋白质的品质较好，必需氨基酸含量高，大约与紫花苜蓿的干草不相上下。因此，芨芨草作为放牧或割草利用时，应在抽穗、开花前期进行。芨芨草的分布与地下水位较高、轻度盐渍化土壤有关，地下水位低或盐渍化严重的地区不宜生长。芨芨草可为牧区寻找水源，打井的指示植物。芨芨草根系强大，耐旱；耐盐碱、适应黏土以至沙壤土。是造纸、人造纤维原料，也是一种较好的水土保持和固沙植物。

045-1-䓖䓖草-花序

045-2-䓖䓖草-叶

045-3-䓖䓖草-人工草地

045-4-䓖䓖草-种子

柳枝稷

Panicum virgatum L.

　　形态特征　为大型丛生多年生C_4草本，根茎和种子繁殖，株高超过1～3m，根深可达3.5m；具短根茎，刈割后的幼苗可形成草皮；当水分充足时，大部分的分蘖可形成开展的圆锥花序，花序长15～55cm；在管理合适的情况下，寿命可达10年或更长，根茎被鳞片。秆直立，质较坚硬，高1～2m。叶鞘无毛，上部的短于节间；叶舌短小，长约0.5mm，顶端具睫毛；叶片线形，长20～40cm，宽约5mm，顶端长尖，两面无毛或上面基部具长柔毛。圆锥花序开展，长20～30cm，分枝粗糙，疏生小枝与小穗；小穗椭圆形，顶端尖，无毛，长约5mm，绿色或带紫色，第一颖长为小穗的2/3～3/4，顶端尖至喙尖，具5脉；第二颖与小穗等长，顶端喙尖，具7脉；第一外稃与第二颖同形但稍短，具7脉，顶端喙尖，其内稃较短，内包3雄蕊；第二外稃长椭圆形，顶端稍尖，长约3mm，平滑，光亮。花果期6—10月，种子千粒重5.0g左右。

　　地理分布　柳枝稷原产北美洛基山脉以东、北纬55°以南大草原。生态适应性强，既耐旱又耐湿，能生长于从沙地到黏性肥沃的各类土壤，适宜的pH值为4.9～7.6；最低萌发温度10.3℃；当温度为29.5℃时，大部分幼苗均可长出。柳枝稷于20世80年代开始在我国引进栽培。在宁夏、北京、陕西等省均有栽培。甘肃省中部的定西、兰州等地区也有少量栽培。兰州地区栽培生物量也很高，种子能完全成熟，但越冬要提前采取措施防护。

　　细胞染色体　2n=21，25，30，32，36，72。

　　饲用价值　柳枝稷通常被用于放牧、水土保持以及生态建设等。柳枝稷能提供良好的产量和中等质量的牧草。在更接近成熟阶段的柳枝稷放牧地可以为成年的繁殖母牛和肥育牛提供适当营养价值的饲草；同时，也会增加牧地的载畜量。由于柳枝稷适应性强，具有较高的产量潜力和较强的耐旱能力，能够用于生产能源，因此广泛认为柳枝稷是一种具有较大发展潜力的能源作物。在干旱、半干旱地区、低洼易涝和盐碱地区、土壤贫瘠的山区和半山区均可种植。柳枝稷为多年生丛生品种，其生命力旺盛，在低温、阳光充足或部分遮阴、干燥或潮湿的土壤环境中均可生长，而且开花繁茂。观赏性强，叶片及花极具观赏性，可作为观赏草应用于城市公园、郊野绿地、观光园区等。

046-1-柳枝稷-花序

046-2-柳枝稷-叶

046-3-柳枝稷-全株

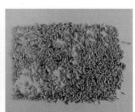
046-4-柳枝稷-种子

三、其他科主要栽培牧草

（一）藜科

　　甜菜属

　　饲用甜菜

　　甜菜

（二）菊科

　　松香草属

　　串叶松香草

　　菊苣属

　　菊苣

　　苦苣菜属

　　苦苣菜

　　全叶苦苣菜

　　苦荬菜属

　　苦荬菜

　　乳苣属

　　乳苣

　　蒿属

　　白沙蒿

（三）伞形科

　　柴胡属

　　柴胡

防风属

防风

（四）白花丹科

　　补血草属

　　黄花补血草

（五）蒺藜科

　　白刺属

　　白刺

（六）胡颓子科

　　沙棘属

　　中国沙棘

（七）蓼科

　　酸模属

　　酸模

　　沙拐枣属

　　沙拐枣

饲用甜菜

Beta vulgaris L.var. *lutea* DC.

别名 甜菜疙瘩。

形态特征 二年生草本。具粗大的块根，浅橙黄色。生长第二年抽花茎，高达1m左右。根出丛生叶，具长柄，呈长圆形或卵圆形，全缘呈波状；茎生叶菱形或卵形，较小，叶柄短。圆锥花序大型，花两性，通常2个或数个集合成腋生簇；花被片5，果期变硬，包被果实，生于肥厚的花盘上；胞果，生产上称为种球，每个种球有3~4个果实，每果1粒种子；种子横生，双凸镜状，种皮革质，红褐色，具光泽。饲用甜菜的根形、颜色随品种而异，按块根形状可分下列几个类型。①圆柱形：分黄色和红色根，块根的大部分露于地上，很容易收获。②长椭圆形：根为红色，根肉粉红色。块根的1/4或1/3露于地面。③球形或圆形：根为橙黄色，根肉为白色。根较大，常1/2以上露出地面。④圆锥形：为半糖用品种。根白色或玫瑰色，形似糖用甜菜。根1/5~1/6露在地面上。这类品中比较抗旱。目前在我国栽培的主要有'西牧755'品种（从波兰引进，原名'Mars'）；'西牧756'品种（从苏联引进，原产德国）。甘肃省农业科学院经济作物与啤酒原料研究所选育有两个品种'甜饲1号'和'甜饲2号'等。

细胞染色体 2n=18。

地理分布 饲用甜菜在我国南北各地均有栽培。东北、华北、西北等地种植较多。甘肃大部分地区均有种植，尤其以陇东、陇南及陇中部分较湿润的中温带地区种植最为广泛，主要用于猪饲料。

饲用价值 为秋、冬、春三季很有价值的多汁饲料。含有较高的糖分、矿物盐类以及维生素等营养物质，粗纤维含量低，易消化，是猪、鸡、奶牛的优良多汁饲料。饲用甜菜的产量很高，因栽培条件不同，产量差异很大。在一般栽培条件下，产根叶75~112.5t/kg，其中根量45~75t/hm^2。在水肥充足的情况下，根叶产量达180~300t/hm^2，其中根量97.5~120t/hm^2。饲用甜菜不论正茬或移栽复种，均比糖用甜菜产量高，但从单位面积干物质计算，饲用甜菜比糖用甜菜产量低。从饲用价值看，应以种植饲用甜菜为宜。因为饲用甜菜的含糖量约为6.4%~12.0%，只有糖用甜菜含糖量的一半，可以避免由于饲料中含糖量高对家畜消化带来不良的影响。饲用甜菜的利用可以切碎生喂或熟喂，也可以打浆生喂，叶可青饲和青贮。饲用甜菜中含有较多的硝酸钾，甜菜在生热发酵或腐烂时，硝酸钾会发生还原作用，变成亚硝酸盐，使家畜组织缺氧，呼吸中枢发生麻痹、窒息而死。在各种家畜中，猪对其较敏感，往往因吃了煮后经过较长时间（2~3天）保存的甜菜而造成死亡。为了防止中毒，喂量不宜过多，如需煮后再喂，最好当天煮当天喂。

047-1-饲用甜菜-花序

047-2-饲用甜菜-叶

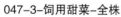

047-3-饲用甜菜-全株

047-4-饲用甜菜-种子

甜　菜

Beta vulgaris L.

别名　糖萝卜、饲料萝卜、糖菜等。

形态特征　甜菜是越年生植物，播种当年是以块根和叶丛为主的营养生长时期，第二年的母根才能进入以抽薹、开花、结球为主的生殖生长时期。直根系作物，主根发达，侧根是从主根两侧的腹沟中形成。甜菜的块根是由根冠、根颈、根体和根尾四部分构成。块根有圆锥形、楔形、纺锤形和心脏形等。甜菜单叶，形状有盾形、心形、矩形、柳叶形、团扇形和犁铧形等。叶子是由根冠顶端的叶芽生育而形成，每株丛生叶子50~70个，总叶面积可达0.7m²。第二年春季甜菜种株生出叶丛60~80天后开花，为不完全花，缺少花瓣，花小，绿色，萼5片，雄蕊3枚，雌蕊由2~3个心皮组成。花单生或丛生在主薹或侧枝上，属异花授粉植物，由1~5个果实组成复合体，习惯上称为种球。种子肾形，胚弯曲。一个种球只一个果实的单粒种，便于机械化播种和间苗，生产上被广泛推广。种球千粒重15~25g，贮藏2~3年发芽率还可达80%以上。

细胞染色体　2n=18，36。

地理分布　甜菜原产于欧洲南部，因适应性很强被引入世界各地广泛栽培。甜菜主要生产国有俄罗斯、美国、德国、波兰、法国、中国和英国。甜菜在我国15个省区推广，20世纪80年代种植面积已达40万hm²，占全国糖料播种面积的40%。主要产区有东北、内蒙古和新疆。甜菜在甘肃省种植已有50多年的历史。20世纪90年代全省常年播种面积在2.7万hm²左右，年产量110多万t。甜菜在甘肃陇东、陇南、陇中及河西地区均有广泛栽培，但生产主要集中在河西走廊地区。

饲用价值　甜菜的块根和茎叶是各类家畜特别是带仔母畜、奶牛和猪的良好多汁及青绿饲料。据报道，1t糖用甜菜，除可生产125kg食糖和45kg糖蜜外，经过综合利用还可产茎叶700kg，粕渣300kg，折合100kg饲料干物质，相当于100kg精料，可满足一头猪一年的饲用量，每1.5hm²的糖用甜菜除榨糖外，还可生产相当于1hm²饲料甜菜土地上收获的饲料价值总量。每100kg块根中，糖用甜菜所含的饲料单位和可消化蛋白量分别为25.7个与0.6kg。糖用甜菜因含糖率较高，饲喂乳牛后产奶量和乳脂率均高于饲用甜菜的效果。甜菜的根茎叶可切碎或打浆后生喂家畜，但一次不宜过多。甜菜茎叶中含有草酸，家畜采食过量会产生腹胀、腹泻等有害症状。最好能与其他饲草混合后饲喂家畜。也可青贮后再利用。

048-1-甜菜-花序

048-2-甜菜-全株

048-3-甜菜-叶

048-4-甜菜-种子

串叶松香草

Silphnum perfoliatum L.

别名　串叶草。

形态特征　串叶松香草为多年生草本植物。株高2～3m，根粗壮，有多节的水平根茎。直立的茎四棱，嫩时有白色毛，长大则光滑无毛。叶长椭圆形，长约40cm，宽30cm左右；叶面皱缩，叶缘有缺刻，叶缘及叶面有稀疏的毛；基生叶有柄，茎生叶无柄。伞房花序着生于假2杈分枝顶端；花杂性，外缘2～3层为雌性花，花盘中央为两性花，雄花褐色，雌花黄色，花期较长。瘦果心脏形，扁平，褐色，外缘有翅。千粒重20～30g。

细胞染色体　2n=14。

地理分布　原产北美高原地带，主要分布在美国东部、中西部和南部山区，朝鲜从加拿大引入。1979年，中国从朝鲜引入推广种植，以华北、东北、华中地区生长最好。近年来在我国各省栽培，分布比较集中的有广西、江西、陕西、山西、吉林、黑龙江、新疆、甘肃等省。松香草适应性广，一般的土地都可种植，根系比较发达，植株高大，生长快、耐刈割，再生能力强。在甘肃南部、中部天水等地均可栽培，甘肃兰州地区长势良好，灌溉条件下产量更高。

饲用价值　串叶松香草适宜青饲和青贮。鲜草产量和粗蛋白质含量高，幼嫩时质脆多汁，有松香味，营养丰富，氨基酸含量高而全面。在北方，鲜草产量为112.5t/hm²，在南方为22.5t/hm²左右。刈割次数在北方2～4次，在南方4～5次。据分析测定，串叶松香草全株含水量为87.2%，营养成分（占干物质%）：粗蛋白23.4%，粗脂肪2.7%，粗纤维：10.9%，粗灰分17.3%，无氮浸出物45.7%。鲜草可喂牛、羊、兔，经青贮可饲养猪、禽；干草粉可制作配合饲料。各地的饲养试验表明：串叶松香草因有特异的松香味，各种家畜、家禽、鱼类，经过较短时期饲喂习惯后，适口性良好，饲喂的增重效果理想。但串叶松香草的根、茎中的甙类物质含量较多，甙类大多具有苦味；根和花中生物碱含量较多。生物碱对神经系统有明显的生理作用，大剂量能引起抑制作用。叶中含有鞣质，花中含有黄酮类。喂量多会引起猪积累性毒物中毒。花有蜜，是很好的蜜源植物。

049-1-串叶松香草-花　　049-2-串叶松香草-叶　　049-3-串叶松香草-全株　　049-4-串叶松香草-种子

菊　苣

Cichorium intybus L.

别名　明目菜、咖啡萝卜、咖啡草、硕参。

形态特征　多年生草本。莲座叶丛期株高80cm左右，抽茎开花期平均高度达170cm，部分株高可达2m以上。茎直立，具条棱，分枝偏斜且顶端粗厚，疏被糙毛或无毛，基生叶莲座状，倒披针状椭圆形，长10～40cm，宽2～4cm，基部渐狭有翼柄，大头倒向羽状深裂或不分裂而边缘具尖锯齿，侧裂片镰刀形。茎生叶渐小，少数，披针状卵形至披针形，全部叶两面疏被长节毛。头状花序单生茎和枝端或2～8个在中上部叶腋簇生；总苞圆柱状，长8～14mm，总苞片2层，披针形或线状披针形；花冠全部舌状，蓝色。瘦果顶端截形，冠毛短，膜片状，有棕色褐斑，长0.2～0.3mm。千粒重1.5g。

细胞染色体　2n=18。

地理分布　分布于中国北京（百花山）、黑龙江（饶河）、辽宁（大连）、山西（汾阳）、陕西（西安、眉县、周至）、新疆（阿勒泰、哈巴河、福海、塔城、托里、裕民、博乐、沙湾、玛纳斯、乌鲁木齐、米泉、伊宁、察布察尔）、江西（遂川）等地；在中国辽宁省岫岩满族聚居地区据考证从数千年前就有野生菊苣的存在。欧洲、亚洲、非洲、美洲及大洋洲也有。19世纪末引入美国，在荷兰、比利时、法国、德国广泛栽培，在北美也有栽培。甘肃南部、中部均可栽培，兰州地区生长表现好，菊苣在整个生长发育过程中都需要湿润的环境，因此，灌溉会获得高产，兰州地区冬季用土埋住肉质根稍加覆盖，即能安全越冬。

饲用价值　菊苣适口性好，利用率高，牛、羊、猪、鸡、兔均喜食。富含粗蛋白质，无氮浸出物和灰分含量也较高，粗纤维含量较低，菊苣茎叶比较柔嫩，适口性好，叶片有微量奶汁。但生长第二年营养价值降低，适口性也相应降低。氨基酸含量分析，生长第一年，氨基酸含量丰富，特别是9种必需氨基酸的含量比紫花苜蓿干草中所含的还要多。第二年初花期，无论是氨基酸总量还是9种必需氨基酸的含量均降低很多，均不如苜蓿干草。菊苣叶片柔嫩多汁，营养丰富，叶丛期粗蛋白含量22.87%，初花期粗蛋白含量14.73%，平均17%，粗蛋白质产量达250kg/亩。初花期含粗脂肪2.1%，粗纤维30.6%。菊苣莲座叶丛期，最适宜饲喂鸡、鹅、猪、兔等，可直接饲喂。抽茎开花阶段，宜牛、羊利用，青饲和放牧均可，放牧利用以轮牧最佳；抽茎期也可刈割制作青贮料，作为奶牛良好的冬青饲料。菊苣氨基酸含量丰富，叶丛期9种必需氨基酸含量高于苜蓿草粉，维生素、胡萝卜素、钙含量丰富。菊苣根系中含有丰富的菊糖和芳香族物质，可提制代用咖啡；其根系中提取的苦味物质可入药。可作用于绿化的园材料。

050-1-菊苣—叶

050-2-菊苣-全株

050-3-菊苣—花

050-4-菊苣—种子

苦苣菜

Sonchus oleraceus L.

别名　苦菜、滇苦菜、田苦荬菜、尖叶苦菜。

形态特征　一年或二年生草本。高50～100cm，全草有白色乳汁。茎直立，单一或上部有分枝，中空，无毛或中上部有稀疏腺毛。叶片柔软，无毛，椭圆状披针形，长1 520cm，宽3～8cm，羽状深裂、大头羽状深裂，顶裂片大，或与侧裂片等大，边缘有不整齐的短刺状尖齿，下部的叶柄有翅，柄基扩大抱茎，中上部叶无柄，基部宽大呈戟状耳形。头状花序在茎端排列成伞房状；总苞钟形，长1.2～1.5cm；总苞片3～4层，外层的卵状披针形，内层的披针形；舌状花黄色。瘦果褐色，长椭圆状倒卵形，长2.5～3mm，压扁，红褐色或黑色，每面有3条纵肋，肋间有细横纹，冠毛白色，长6～7mm。千粒重0.8～1.29g。

细胞染色体　2n=32。

地理分布　原产欧洲，目前世界各国均有分布。生于山坡或山谷林缘、林下或平地田间、空旷处或近水处，海拔170～3 200m。在中国除气候和土壤条件极端严酷的高寒草原、草甸、荒漠戈壁和盐漠等地区外，几乎遍布中国各地。在甘肃天水、文县、榆中等均有分布。种子繁殖，发芽率达95%，甘肃天水、兰州种植，7月底8月初成熟，种子边成熟边脱落，种子的休眠期很短，一般为7～15天，成熟的种子，当年即可发芽出苗。生育期120天左右。

饲用价值　茎叶柔嫩多汁，含水量高达90%，稍有苦味，是一种良好的青绿饲料。猪、鹅最喜食；兔、鸭喜食；山羊、绵羊乐食；马、牛也比较喜食。开花期以前切碎生喂或煮熟饲喂，每天用650g饲喂家兔，其采食率可达77%；切碎喂鸡、鸭也有良好的效果。苦苣菜的干草是马、牛、羊的好饲草，其适口性均可定为喜食级。苦苣菜含有较多的维生素C，100g鲜草中，叶含维生素C 11～68.2mg，茎中含维生素C11mg；含胡萝卜素14.5mg。秋季，维生素C、胡萝卜素含量比春、夏季高。苦苣菜的能量价值可评为中等。从结实期的资料分析，其总能及对猪、牛和羊的消化能、代谢能、各种净能和可消化蛋白质的含量均属中等。苦苣菜的根茎部具有较多的潜伏芽，当地上部受畜禽采食或刈割，残茬能继续再生，尤其在根系发育良好的叶丛期，再生力最强，每20天刈割1次，不会影响其再生，但在花枝形成后，再生力显著下降，往往刈割2～3次，则难以再生。因此，放牧或刈割利用，最好在抽茎之前进行。苦苣菜的茎叶繁茂，叶量大，在抽茎之前全为茂密的叶丛。至开花期，其茎枝仍比较嫩，还可饲用；果期茎枝逐趋老化，饲用价值下降。此外，嫩茎叶可作蔬菜食用，有降血压作用；亦可沤制绿肥。苦苣菜是一种出色的保健食品，苦苣菜的白浆中含"苦苣菜精"、树脂、大量维生素C以及各种类黄酮成分。其嫩叶中氨基酸种类齐全，且各种氨基酸之间比例适当。全草入药，有祛湿、清热解毒功效。

051-1-苦苣菜-花枝

051-2-苦苣菜-全株

051-3-苦苣菜-叶

051-4-苦苣菜-人工种植

全叶苦苣菜

Sonchus transcaspicus Nevski

别名　苦苦菜、苦苣菜。

形态特征　多年生草本，有匍匐茎。茎直立，高20~80cm，有细条纹，基部直径达6mm，上部有伞房状花序分枝，全部茎枝光滑无毛，但在头状花序下部有蛛丝状柔毛。基生叶与茎生叶同形，中下部茎叶灰绿色或青绿色，线形，长椭圆形、匙形、披针形或倒披针形或线状长椭圆形，长4~27cm，宽1~4cm，顶端急尖或钝，基部渐狭，无柄，边缘全缘或有刺尖或凹齿或浅齿，两面光滑无毛；向上的及最上部的及花序分叉处的叶渐小，与中下部茎叶同形。头状花序少数或多数在茎枝顶端排成伞房花序。总苞钟状，长1~1.5cm，宽1.5~2cm；总苞片3~4层，外层披针形或三角形，长3~5mm，宽1.5mm，中内层渐长，长披针形或长椭圆状披针形，长12~14mm，宽约2mm，全部总苞片顶端急尖或钝，外面光滑无毛。全部舌状小花多数，黄色或淡黄色。瘦果椭圆形，暗褐色，长3.8mm，宽1.5mm，压扁三棱形，每面有5条高起的纵肋，中间的1条增粗，肋间有横皱纹。冠毛单毛状，白色，长9mm，彼此纠缠。花果期5—9月。

细胞染色体　2n=32。

地理分布　分布在乌兹别克斯坦、中亚、印度、高加索、地中海、伊朗以及中国大陆的辽宁、吉林、青海、西藏、山西、河南、新疆、内蒙古、黑龙江、四川、云南、河北、陕西、甘肃、宁夏等地。生长于海拔200~4 000m的地区，多生长于山坡草地、水边湿地及田边。在甘肃主要分布于天水、榆中、酒泉、定西、兰州、岷县、会宁等。目前在甘肃兰州、天水、定西有人工引种栽培。

饲用价值　营养期适口性好，苦味淡，是一种良好的青绿饲料。猪最喜食；马、牛、羊、兔等均喜食。甘肃主要是切碎生喂或煮熟饲喂猪，干草是马、牛、羊等的好饲草。全叶苦苣菜的叶苦味淡，茎叶脆嫩，在前期再生性好，可刈割和放牧利用。尤以开花期之前利用为宜。此外，嫩茎叶可作蔬菜食用，甘肃可用于制作酸菜等，亦可作为绿肥。也可作为药用，主要治疗黄疸；胃炎；痢疾；肺热咳嗽；痈肿等。

052-1-全叶苦苣菜-花

052-2-全叶苦苣菜-叶

052-3-全叶苦苣菜-人工栽培

052-4-全叶苦苣菜-种子

苦荬菜

Ixeris polycephala Cass.

别名　多头莴苣、多头苦荬菜。

形态特征　一年生草本。根垂直直伸，生多数须根。茎直立，高10～80cm，基部直径2～4mm，上部伞房花序状分枝，或自基部多分枝或少分枝，分枝弯曲斜升，全部茎枝无毛。基生叶花期生存，线形或线状披针形，包括叶柄长7～12cm，宽5～8mm，顶端急尖，基部渐狭成长或短柄；中下部茎叶披针形或线形，长5～15cm，宽1.5～2cm，顶端急尖，基部箭头状半抱茎，向上或最上部的叶渐小，与中下部茎叶同形，基部箭头状半抱茎或长椭圆形，基部收窄，但不成箭头状半抱茎；全部叶两面无毛，边缘全缘，极少下部边缘有稀疏的小尖头。头状花序多数，在茎枝顶端排成伞房状花序，花序梗细。总苞圆柱状，长5～7mm，果期扩大成卵球形；总苞片3层，外层及最外层极小，卵形，长0.5mm，宽0.2mm，顶端急尖，内层卵状披针形，长7mm，宽2～3mm，顶端急尖或钝，外面近顶端有鸡冠状突起或无鸡冠状突起。舌状小花黄色，极少白色，10～25枚。瘦果压扁，褐色，长椭圆形，长2.5mm，宽0.8mm，无毛，有10条高起的尖翅肋，顶端急尖成长1.5mm喙，喙细，细丝状。冠毛白色，白色，纤细，微糙，不等长，长达4毫米。花果期3-6月。

细胞染色体　2n=18。

地理分布　分布于中国陕西、江苏、浙江、福建、安徽、台湾、江西、湖南、广东、广西、贵州、四川、云南等地；中南半岛、尼泊尔、印度、锡金、克什米尔地区、孟加拉、日本广有分布。生于山坡林缘、灌丛、草地、田野路旁，海拔300～2 200m。苦荬菜适应性较强，为广布性植物，对土壤要求不严，能适应轻度盐渍化土壤。甘肃兰州种植表现良好，8月底9月初结实期，灌溉条件下产量更高。

饲用价值　开花前，叶茎嫩绿多汁，适口性好，各种畜禽均喜食。除青饲外，还可晒制青干草，制成草粉；嫩茎叶可做鸡鸭饲料；全株可为猪饲料。开花以后，茎枝老化，适口性明显降低。从化学成分看，开花期的茎叶含粗蛋白质和粗脂肪较丰富，粗纤维含量低，为优等饲草。苦荬菜适于放牧，也可刈割，但用作青绿饲草最为适宜。放牧以叶丛期或分枝之前为最好；刈割饲喂以现蕾之前最为适宜。

053-1-苦荬菜—花序

053-2-苦荬菜-全株　　053-3-苦荬菜—叶

053-4-苦荬菜—种子

乳 苣

Mulgedium tataricum（L.）DC.

别名　鞑靼山莴苣、紫花山莴苣、苦苦菜、蒙山莴苣。

形态特征　多年生草本。高10~70cm，根圆锥形，棕褐色。茎直立，单生或数个丛生，具纵棱，不分枝或上部分枝。茎中下部叶灰绿色，稍肉质，长椭圆形、矩圆形或披针形，长6~19cm，宽2~6cm，基部渐狭成具翅的短叶柄，柄基半抱茎；叶片具不规则的羽状浅裂或半裂，侧裂片三角形，边缘具细小的锯齿；茎上部叶较小，披针形或条状披针形，无柄，有时全缘。茎顶为开展的圆锥花序，上生多数头状花序，梗不等长；总苞圆柱状或楔形，总苞片4层，带紫红色，边缘狭膜质；花全为舌状，两性，紫色或淡紫色。瘦果长椭圆形，长约5cm，灰色或黑色，稍压扁，具5~7条纵肋，并有1mm长的短喙；冠毛单毛状，白色，长1cm，微锯齿状，分散脱落。花果期6~9月。

054-1-乳苣-花

地理分布　分布于中国东北、华北、西北各地；欧洲、中亚至西伯利亚、蒙古、阿富汗、伊朗和克什米尔地区也有。生于河滩、湖边、草甸、田边、固定沙丘或砾石地，海拔1 200~4 300m。国内分布于辽宁、内蒙古、河北、山西、陕西、甘肃、青海、新疆、河南、西藏等地。甘肃敦煌、庆阳、合水、天水、酒泉、张掖、固原、民勤等地均有分布，在兰州、天水等地有少量的人工栽培。

054-2-乳苣-果枝

饲用价值　为中上等饲用植物，各种家畜都采食。植株柔软，适口性良好，富含营养，家禽、猪、兔最为喜食；牛、羊、马采食叶子和幼嫩的花。挖取幼嫩叶子和直根，浸泡后除去苦味，可做蔬菜。乳苣是中生耐盐植物，对气候干旱有一定的适应能力。习生于草原地带，以至半荒漠地带固定的沙丘、沙地、黄土沟岸以及湖滨、河滩的盐渍化草甸群落内。乳苣为根蘖性植物，在土表5cm以下有横行的水平根，褐色，上生纤细的侧根。水平根向下生长垂直根，可深入土壤50cm左右，是盐碱地和干旱地生长较好的植物。乳苣地上部分也是一种中草药。据分析，全草含蜡醇、转化糖、胆碱、酒石酸；汁中含氧化酶弹性橡胶、甘露醇、左旋肌醇、苦味质等。

054-3-乳苣-叶

054-4-乳苣-人工栽培

白砂蒿

Artemisia sphaerocephala Krasch.

别名 油砂蒿、籽蒿、黄沙蒿、圆头蒿、香蒿、黄毛柴。

形态特征 半灌木。高达1m，冠幅30cm左右，最大可达2m。主茎明显，分枝多而细，老枝外皮灰白色，常条状剥落，当年生枝灰白色、淡黄色或黄褐色，有时为紫红色，有光泽。下部叶、中部叶，宽卵形或卵形，一或二回羽状全裂，裂片条形或丝状条形，长0.5～40mm，宽0.5～2mm，上部叶羽状分裂或3全裂，嫩叶被短柔毛，后脱落，灰绿色。头状花序多数，球形，下垂，在枝端排列成开展的圆锥花序，总苞直径3～4mm，小花黄色，管状。瘦果卵形，长1.5～2mm。瘦果微细，无毛，咖啡色，外表附着一层白色胶联结构的多糖物质，占种子重量的20%，遇水极易溶胀，与沙粒连成团，形成自然大粒化种子，便于吸水贮水，易于发芽出苗，种子千粒重0.8～1.0g。

细胞染色体 2n=18。

地理分布 分布于中国内蒙古、山西、陕西、宁夏、甘肃及新疆等地；蒙古也有。白砂蒿是我国西北荒漠半荒漠地区重要的防风固沙植物。甘肃在1959年至1963年间，就曾在腾格里沙漠等地大面积飞播过，甘肃环县、民勤、古浪等均有飞播种植，是甘肃省河西荒漠、半荒漠地区治理沙漠、防风固沙重要的牧草植物。

饲用价值 在半荒漠及荒漠沙区，对饲养骆驼与羊有一定放牧价值。春季刚萌动时的枝条。骆驼最喜食，其他季节乐食；对羊的适口性基本上同于黑沙蒿；马与牛不喜食。秋季落霜后，适口性提高。饲料品质为中等以下。应注意骆驼春季过多采食饮水后而引起的肚胀病。因此，适当放牧后即更换牧地。在巴丹吉林沙漠、腾格里沙漠中，由白砂蒿为主组成的草场分布较普遍，但生长稀疏，产量较低，尤其在沙漠地区，因恶劣气候和严酷环境的限制，除骆驼外，其他家畜不便利用。白砂蒿所含蛋白质含量中等，脂肪和粗纤维含量较高。蛋白质品质较差，必需氨基酸含量低。白砂蒿荒漠、荒漠区建植生长一年可形成草丛绿篱，起到防风固沙作用，是流动沙丘地带防风固沙，恢复植被的先锋种。

| 055-1-白砂蒿-花序 | 055-2-白砂蒿-叶 | 055-3-白砂蒿-全株 | 055-4-白砂蒿-种子 |

柴　胡

Bupleurum chinense DC.

别名　北柴胡、竹叶柴胡。

形态特征　柴胡属多年生草本，高45～85cm。主根粗大，棕褐色，质坚硬。茎丛生或单生，表面有细纹，上部多分枝。基生叶倒披针形或狭椭圆形，早枯；中部叶倒披针形或宽条状披针形，长3～11cm，宽6～16mm，顶端渐尖或急尖，具短芒尖形，基部呈叶鞘抱茎，有平行脉7～9条，叶表面鲜绿色，背面淡绿色，常有白霜；茎顶部叶同形，但更小。复伞形花序较多，花序梗细，常水平伸出形成疏松圆锥状；总苞片2～3，或无，狭披针形；伞幅3～8，不等长；小总苞片5，披针形；花梗5～10；花鲜黄色。双悬果宽椭圆形，长3mm，宽2mm，棱狭翅状。

细胞染色体　2n=12。

地理分布　生于海拔1 000m以上的山坡、山顶、山谷、草地、林缘或林下、灌丛。分布于东北、华北、西北、华中、华东等省区。其生长于沙质草原、沙丘草甸及阳坡疏林下。甘肃中部有大面积栽培，兰州地区种植表现良好。

饲用价值　柴胡属中等饲用植物。其适口性较好，牛、羊皆喜食其鲜草，秋季干枯后亦乐食。其营养成分据山西农业大学测试中心分析，开花期其粗蛋白质含量占干物质的8.65%，粗脂肪2.41%，粗纤维25.30%，无氮浸出物57.94%，粗灰分5.70%，钙1.75%，磷0.05%。晒干后适口性降低，可做家畜饲料。根可入药。

056-1-柴胡-花枝　　056-2-柴胡-全株　　056-3-柴胡-人工栽培　　056-4-柴胡-种子

防 风

Saposhnikovia divaricata（Turcz.）Schischk.

别名 铜芸、回云、回草。

形态特征 防风属多年生草本，高30~80cm，全株无毛。根粗壮，茎基密生褐色纤维状的叶柄残基。茎单生，2歧分枝。基生叶三角状卵形，长7~19cm，2~3回羽状分裂，最终裂片条形至披针形，全缘；叶柄长2~6.5cm；顶生叶简化，具扩展叶鞘。复伞形花序，顶生；伞梗5~9，不等长；总苞片缺如；小伞形花序有花4~9朵，小总苞片4~5，披针形；萼齿短三角形；花瓣5，白色，倒卵形，凹头，向内卷；子房下位，2室，花柱2，花柱基部圆锥形。双悬果卵形，幼嫩时具疣状突起，成熟时裂开成2分果，悬挂在二果柄的顶端，分果有棱。花期8—9月，果期9—10月。

细胞染色体 2n=16。

地理分布 生于海拔1 300~3 700m的山坡、草丛。分布在东北、华北、宁夏、甘肃、陕西、西藏、山东等省区。甘肃全省大部分地区均有分布，喜凉爽气候，耐寒，耐干旱。宜选阳光充足，土层深厚，疏松肥沃、排水良好的砂质壤土栽培，不宜在酸性大，黏性重的土壤中种植。甘肃中部的定西地区有较大面积栽培。兰州种植表现也良好。

饲用价值 适口性较差，低等饲用植物；幼苗为马、牛、羊等各种家畜所喜食，成株家畜不太喜食。干草可作为马、牛、羊等冬天的饲料。主要为药用，有祛风解表，胜湿止痛的功效。亦可作生态草种。

057-1-防风-花序

057-2-防风-叶

057-3-防风-全株

057-4-防风-种子

黄花补血草

Limonium aureum（L.）Hill.

别名 金色补血草、黄花矾松、金匙叶草。

形态特征 多年生草本，高10～30cm。根圆柱状，木质，粗壮发达。叶基生，矩圆状匙形至倒披针形，长1～4cm，宽0.5～1cm，顶端圆钝，具短尖头，基部渐狭成扁平的叶柄。花序轴两至数条，自基部开始多回二叉状分枝，常呈"之"字形弯曲，聚伞花序排列于花序分枝顶端而形成伞房状圆锥花序，花序轴密生小疣点。苞片宽卵形，具狭的膜质边缘；小苞片宽倒卵圆形，具宽的膜质边缘；花萼宽漏斗状，长5～8mm，干膜质，萼裂片5，长2～4mm，金黄色，三角形，先端具一小芒尖；花瓣橘黄色，干膜质，基部合生，长约6～7mm；雄蕊5，着生于花瓣基部；花柱5，离生，无毛，柱头丝状圆柱形，子房倒卵形。蒴果倒卵状矩圆形，长约2.2mm，具5棱，包藏于宿存花萼内。

细胞染色体 2n=12。

地理分布 分布于中国东北、西北、内蒙古、山西、陕西等地；蒙古、俄罗斯（西伯利亚）也有。甘肃主要分布于兰州的南北两山及榆中干旱山区、河西走廊的武威、张掖等地。在天水、兰州和河西有小面积的人工驯化栽培。抗旱性极强，高度耐盐碱、耐贫瘠、耐粗放管理；在兰州种植花期长达200天左右，花干后不脱落、不掉色，是理想的干花、插花材料与配材。

饲用价值 金色补血草为中等牧草，在幼嫩状态，牛喜食、羊乐食，其他家畜很少采食；冬季干枯后，为各类放牧家畜所喜食。黄花补血草的营养价值较好。化学成分中，粗蛋白质含量为中等，无氮浸出物较高，可消化粗蛋白质含量在开花期干物质中为70.93g/kg，粗纤维、粗灰分的含量高，一定程度上对它的适口性产生了影响。黄花补血草是富集多种矿物质营养元素的牧草，含钠为0.037%～0.817%，含氯为2.33%～4.20%，含硫为1.20%～1.69%，含氮为2.14%～3.44%。除饲用之外，黄花补血草可全草入药，具有调经、活血、止疼之功效。另外，它也是一种辅助蜜源植物。可作为观赏草用于园林绿化、植物造景，防风固沙和室内装饰，花干后不脱落、不掉色、可用于插花。

058-1-黄花补血草-花序　058-2-黄花补血草-嫩枝　058-3-黄花补血草-全株　058-4-黄花补血草-种子

白 刺

Nitraria tangutorum Bobr.

别名　酸胖、白茨。

形态特征　灌木。高1～2m。多分枝，平卧，先端针刺状。叶通常2～3片簇生，宽倒披针形或倒披针形，长18～25mm，宽6～8mm，先端钝圆或平截，全缘。聚伞花序生于枝顶，较稠密；萼片5，绿色；花瓣5，白色；雄蕊10～15；子房3室。核果卵形或椭圆形，熟时深红色，长8～12mm，直径8～9mm，果核窄卵形，长5～6mm，先端短渐尖。其内果皮坚硬，上有分布不均、深浅不一、大小不等的孔穴。

细胞染色体　2n=24。

地理分布　分布在中国陕西省北部，内蒙古中、西部及宁夏、甘肃和新疆等地。白刺的分布限于荒漠草原及荒漠，生于沙漠边缘、湖盆低地，河流阶地的微盐渍化沙地和堆积风积沙的龟裂土上。还进入干草原区。其生存的土壤包括半固定风沙土，草甸型沙土，结皮盐土以及山前的棕钙土等。白刺是荒漠，半荒漠草地植被的重要建群种之一，自然生长在盐渍化坡埂高地和泥质海岸滩垄光板裸地里，耐盐性能极强。在甘肃主要分布在陇中干旱山区、河西走廊，在河西的武威、张掖及兰州均有人工栽培。

饲用价值　骆驼基本终年采食，尤以夏、秋季乐食其嫩枝，冬、春采食较差，羊也可采食其嫩枝叶，马和牛一般不吃。它的果实为驼羊所喜食，鲜果或干果均为猪所喜食。白刺草地是我国荒漠区最重要的草地类型之一，对该区畜牧业的饲料平衡有重要作用。它的产草量视土壤水分条件和沙子流动程度，变化较大。据测定，就白刺沙堆每平方米的青鲜嫩枝叶产量而言，低者473g，高者1 225g；就白刺草地的风干嫩枝叶产量而言，每公顷低者为51kg（半固定沙地），高者达1 548kg（盐化草甸沙地），一般每公顷产量在450kg左右。就化学成分而言，它富含碳水化合物和灰分，蛋白质也较丰富；而在矿物质中，钙和磷均较少，尤以磷的含量最低。蛋白质的品质从所含9种必需氨基酸总量看，品质还是较好的。综合评价，白刺是一种中等或中低等的饲用植物。白刺及小果白刺果实可药用，果实可做饮料。白刺是沙漠和盐碱地区重要的耐盐固沙植物。

 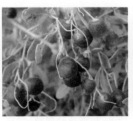  

059-1-白刺-叶　　　059-2-白刺-果　　　059-3-白刺-全株　　　059-4-白刺-种子

中国沙棘

Hippophae rhamnoides L. subsp.*sinensis* Rousi

别名　醋柳、酸胖、白茨、酸刺、黑刺。

形态特征　落叶灌木或乔木。高1~5m，生于山地沟谷的可达10m以上，甚至18m。老枝灰黑色，顶生或侧生许多粗壮直伸的棘刺，幼枝密被银白色带褐锈色的鳞片，呈绿褐色，有时具白色星状毛。单叶，狭披针形或条形，先端略钝，基部近圆形，上面绿色，初期被白色盾状毛或柔毛，下面密被银白色鳞片而呈淡白色，叶柄长1~1.5mm。雌雄异株。花序生于前年小枝上，雄株的花序轴脱落，雌株花序轴不脱落而变为小枝或棘刺。花开放比展叶早，淡黄色；雄花先开，无花梗，花萼2裂，雄蕊4；雌花后开，单生于叶腋，具短梗，花萼筒囊状，2齿裂。果实为肉质化的花萼筒所包围，圆球形，橙黄或橘红色。种子小，卵形，有时稍压扁，黑色或黑褐色，种皮坚硬，有光泽。

细胞染色体　2n=24，12。

地理分布　沙棘原产于东亚的古代植物区系。广泛分布于欧亚大陆东经2°~115°、北纬27°~68°50′的温带和亚热带高山地区。俄罗斯、罗马尼亚、蒙古、芬兰也有。中国主要分布在山西、内蒙古、河北、陕西、甘肃、宁夏、青海和四川西部等地；中国黄土高原极为普遍。甘肃东部、中部、南部及河西地区均有分布，河西及兰州地区有人工栽培。

饲用价值　属中等饲用植物。在生长前期幼嫩枝叶或秋季的落叶，羊乐食；当春季各种牧草返青之前，其他家畜也采食一些幼枝叶，生长季节大部分时间及成熟之后，因枝条具坚硬的刺，家畜一般不采食。成熟的果实马、山羊、绵羊喜食，鹿也爱吃。沙棘雄株叶片赖氨酸含量占总氨基酸含量的比值为10.91%，是国内记载中比较高的，可作为配合饲料的赖氨酸源。沙棘叶片为山羊、绵羊采食的饲草，长期食用沙棘叶的牲畜不仅上膘快，毛色好，而且还可防治疾病。沙棘植株具有棘刺，影响牲畜采食，采食率仅为25%~30%。划区轮牧有利于提高利用率和载畜量，沙棘林轮牧期以10天为宜，可适当随放牧次数的增多，而相应延长封禁时间。沙棘叶营养丰富，再生能力强，有"铁杆牧草"之称。沙棘含大量的维生素C、胡萝卜素、维生素E和维生素F。在维生素F中，首先是亚油酸和亚麻酸具有特别重要的生理保健价值。在草地建设中中国沙棘可做绿篱；又是速生灌木薪炭林树种，具有产柴量高、火力旺、耐烧、烟少等特点。木材坚硬，纹理致密，可做小农具和工艺品。3—5月开花期，花开甚繁，是黄土高原春季养蜂重要的辅助蜜源。另外，沙棘具有良好的生态效益，凡是被沙棘覆盖的坡地，可减少地表径流80%，减少表土水蚀75%，减少风蚀85%。生长在河谷地带茂密的沙棘林起到显著的拦洪落淤和护岸作用。沙棘具有根瘤和大量的枯落物，能有效地改良土壤。此外，汁棘为鸟兽提供了食物和栖息地，沙棘也是集经济和生态效益为一体的珍贵树种。

060-1-中国沙棘-叶

060-2-中国沙棘-果枝

060-3-中国沙棘-全株

060-4-中国沙棘-种子

酸　模

Rumex acetosa L.

别名　酸溜溜、山大黄、山羊蹄。

形态特征　多年生草本。主根粗短，茎直立，细长，通常单生，呈红紫色，高50～100cm。单叶互生，基生叶有长柄，茎生叶无柄；叶片矩圆形，长2～10cm，宽1～3cm，先端钝或尖，基部箭形，全缘或有时略呈波状，托叶鞘膜质，斜形。花序狭圆锥状，顶生，花单性异株；花被6片，椭圆形，呈2轮，雄花外轮花被片小；雌花内轮花被片圆形，结果时增大，全缘，淡红色。柱头3。瘦果椭圆形，具三棱，黑棕色，有光泽。种子千粒重2.157g。

细胞染色体　2n=14（♀），15（♂）。

地理分布　生长于路边、山坡及湿地。全国大部分地区有分布；亚洲北部、欧洲、北美洲也有。甘肃省大部分地区均有分布，黄土高原丘陵沟壑区路旁及青藏高原东缘均有分布。甘肃陇南、天水、兰州等地均有人工栽培。

饲用价值　茎叶柔软、鲜嫩多汁，作为青绿饲草，多种畜禽均喜食。绵羊、山羊最喜食，猪、鹿、马也喜食，牛乐食，鹅喜食其嫩叶，马一般不食。种子是多种家禽和鸟类的精饲料。酸模含有大量的维生素C和草酸。在鲜叶中维生素C的含量12～176mg/100g，平均为50～100mg/100g；在花序中含量为118mg/100g，与叶中含量近似；茎中的含量仅有54mg/100g。酸模中的草酸是以草酸钾盐的形态积累在植物体内。这种盐不断地转化为草酸，故酸模具有酸味。粗蛋白质、粗脂肪和无氮浸出物含量高，纤维素含量低。据分析，酸模是一种高蛋白质的饲用植物，营养价值也是比较高的。酸模含有家畜所需要的各种微量元素。酸模地上部分都含有大量的磷、钾、钙，这对动物的营养需要是非常有利的。茎叶汁液的pH值为4.5，适口性不理想。用整株饲喂，采食量少，采食速度慢，且只喜食其叶，造成很大的浪费；将酸模切碎后饲喂，采食量增加，采食速度加快，茎叶多能被利用，饲料浪费大大减少；采用发酵后饲喂，不仅采食速度大大加快，还出现争食现象，饲料不浪费，效果最好。倘若再与精料拌合后饲喂，效果会更好。嫩茎叶可供食用。全草和根可作中草药用。

061-1-酸模-花序

061-2-酸模-全株

061-3-酸模-叶

061-4-酸模-种子

沙拐枣

Calligonum mongolicum Turcz.

别名 蒙古沙拐枣。

形态特征 灌木。植株高0.5~1.5m，老枝灰白色，一年生枝草质，绿色。叶条形，长2~5cm。花淡红色，通常2~3朵簇生于叶腋；花梗下部具关节；花被片卵形或近圆形；雄蕊12~16；子房椭圆形，有纵列鸡冠状突起。小坚果椭圆形，不扭转或稍扭转，顶端锐尖，基部狭窄，连刺毛，直径8~10mm，长10~12mm；肋状突起明显或不明显，每一肋状突起有3行刺毛，有时有1行不完整；刺毛叉状分枝2~3次，基部不明显加粗，细脆，易折断。花期5—7月，果期6—8月。

细胞染色体 2n=18。

地理分布 分布于中国内蒙古中西部、宁夏甘肃和新疆等省地；蒙古也有分布。是我国北方荒漠、半荒漠的一种主要固沙植物。主要在荒漠带并渗入草原化荒漠及荒漠化草原。生于流动沙丘、半流动沙丘或石质地，在砾质戈壁、山前沙砾质洪积扇坡地上也有生长。甘肃主要分布于河西走廊地区的流动沙丘、半固定沙丘、固定沙丘、沙地、沙砾质荒漠和砾质荒漠。是沙质生境的主要建群种之一。沙拐枣具有生长快、易繁殖、耐旱、抗风蚀、耐沙埋的特点，是优良的防风固沙先锋种，在兰州地区种植生长亦良好。

饲用价值 适口性中等，夏秋季骆驼喜食枝叶，冬春采食较差。绵羊、山羊夏秋季喜采食嫩枝及果实，冬春季不食。马与牛不吃。沙拐枣基本没有叶片，叶子缩小成托叶状包裹在枝条的节间，使枝条节间很短，叶子变为"同化枝"。它根系很发达，主根可深至3m以下，非常抗旱。因此，人们选用它作为防风固沙的先锋植物。沙拐枣稀疏地生长在流动沙丘、半流动沙丘及覆沙戈壁上，由它为主所组成的各类草场，结构简单，种类单纯，伴生植物很少，生产力很低，故放牧利用价值低。除饲用外，其根及果全株均可入药；种子含油脂，可试作榨油材料。

062-1-沙拐枣-花序

062-2-沙拐枣-果实

062-3-沙拐枣-人工栽培

062-4-沙拐枣-种子

第二部分　主要天然草地植物

一、禾本科

赖草属 　　　　　　　　茅香属

赖草 　　　　　　　　　　茅香

针茅属 　　　　　　　　落草属

针茅 　　　　　　　　　　落草
异针茅

　　　　　　　　　　　　芨芨草属

狗尾草属 　　　　　　　醉马草

狗尾草

　　　　　　　　　　　　早熟禾属

短柄草属 　　　　　　　波伐早熟禾
　　　　　　　　　　　　草地早熟禾
短柄草

虎尾草属 　　　　　　　羊茅属

虎尾草 　　　　　　　　中华羊茅

拂子茅属

拂子茅

雀麦属

旱雀麦

芦苇属

芦苇

赖　草

Leymus secalinus（Georgi）Tzvel.

别名　宾草。

形态特征　多年生草本，具下伸的根状茎。秆直立，较粗硬，单生或呈疏丛状；生殖枝高45～100cm，营养枝高20～35cm，茎部叶鞘残留呈纤维状。叶片长8～30cm，宽4～7mm，深绿色，平展或内卷。穗状花序直立，长10～15cm，宽0.8～1mm，穗轴每节具小穗（1）2～3（4）枝，长10～15mm，含4～7小花，小穗轴被短柔毛；颖锥形，长8～12mm，具1脉，不正覆盖小穗；外稃披针形，被短柔毛，先端渐尖或具1～3mm长的短芒，第一外稃长8～10mm；内稃与外稃等长，先端略显分裂。

细胞染色体　2n=28。

地理分布　分布在中国东北的西部；河北、山西、陕西、宁夏、四川、青海、甘肃、内蒙古、新疆等地；俄罗斯、蒙古、日本和朝鲜也有分布。赖草具有一定程度的耐盐渍化，是西部干旱地区、轻盐渍化土壤刈牧兼用的草种，其土壤生态适应幅度广，甘肃全省大部分地区均有分布。

饲用价值　幼嫩时为山羊、绵羊喜食，夏季适口性降低，秋季又见提高，可作为牲畜的抓膘牧草。牛、骆驼终年喜食。在自然状态下，叶量较少而质地粗糙，丛生性差，产量低；结实率低，采种困难。水肥条件稍好时能生长茂盛，属中等品质的饲用植物。赖草除作饲用外，根可入药，具有清热、止血利尿作用；又可用作防风固沙或水土保持草种。

063-1-赖草-花序　　063-2-赖草-叶　　063-3-赖草-叶片　　063-4-赖草-全株

针 茅

Stipa capillata L.

064-1-针茅-花序

064-2-针茅-叶

064-3-针茅-全株

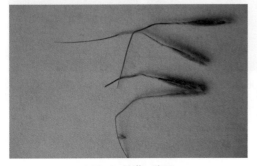

064-4-针茅-种子

别名 锥子草。

形态特征 多年生草本。密丛型，秆纤细直立，高40～80cm，基部常为枯萎叶鞘包裹。秆生叶舌，长4～8（10）mm；叶片卷折成细条形。圆锥花序狭窄，下部常为顶生叶鞘所包；小穗含1小花，草黄色，颖窄披针形，先端纤细，长2.5～3.5cm；外稃长1～1.2cm，背部具纵列短毛；芒二回膝曲，扭转、光亮，边缘微粗糙，无毛，第一芒长约4cm，第二芒长1.5～2cm，芒针细丝状，卷曲，长6～12cm；基盘尖锐，长约3mm；内稃与外稃等长。颖果细长，纺锤形，长6～7mm。

细胞染色体 2n=44。

地理分布 主要分布在中国新疆维吾尔自治区和甘肃省大部分地区；欧洲、中亚和西伯利亚、蒙古也有分布。

饲用价值 为中等高度的多年生禾草，茎叶稍硬，后期粗糙。营养生长期粗蛋白质含量较高。秋季再生的嫩叶适口性良好，马最喜食，其次是羊和牛，骆驼不喜食。在针茅草场上放牧马，马的体质恢复很快，奶产量高。临近抽穗时，适口性迅速下降，开花时完全不采食。秋季，适口性又有所提高，冬季枯草保存良好，多数株丛较大，牲畜较易从雪下采食。幼嫩期的叶子和茎的顶端是家兔最喜食的饲草。针茅的外稃有尖锐的基盘和呈膝状弯曲的长芒，末端有扭曲的芒柱，受湿能自行扭转，极易刺入绵羊的毛、皮下乃至肌肉内，严重时常引起死亡。因此，在秋季牧场上，针茅带稃的颖果是绵羊的大害。

异针茅

Stipa aliena Keng

形态特征 多年生。秆直立，丛生，高20～40cm，具1～2节。叶鞘光滑；叶舌钝圆，长0.8～1.5mm，叶片卷折成细线形，上面粗糙，下面光滑。圆锥花序较紧缩，长10～15cm，分枝斜升，单生或孪生，下部常裸露，上部着生1～3个小穗；小穗灰绿色或带紫色，颖披针形，长1～1.4cm，外稃长6.5～7.5mm，芒两回膝曲，第一芒柱长4～5mm。具长1～2mm的羽毛，第二芒柱长3～4mm，被细微毛，芒针长1～1.6cm，无毛。颖果长圆柱形。

地理分布 分布于西藏、青海、四川、甘肃等地。异针茅生于高山草原和河谷草地，是青藏高原分布较多的一个种，在西藏东北部、青海高原、四川阿坝等海拔2 500～4 200m的干燥山坡、砾石草地。呈点片状分布。在甘肃主要分布在甘南、天祝等地，在杜鹃为主的灌丛草地上，异针茅、嵩草、苔草、早熟禾等共用组成了灌木下以禾草为主的草本层。

饲用价值 异针茅在青藏高原优良牧草分布相对较少的情况下，该草粗蛋白质较高，作为较好的牧草之一，尤其是返青至抽穗之前，各种家畜都喜食。返青至抽穗前，它的茎叶柔软，适口性好，营养价值高，是当地夏季牲畜主要取食的牧草之一，为良等牧草。

065-1-异针茅-穗　　065-2-异针茅-全株

065-3-异针茅-群落　　065-4-异针茅-种子

狗尾草

Setaria viridis（L.）Beauv.

别名 狗尾巴草、谷莠子、莠、毛狗草。

形态特征 一年生草本。秆直立或基部膝曲，高20～90cm，基部稍扁，带青绿色。叶鞘较松弛，无毛或被柔毛；叶片扁平，长5～30cm，宽2～15mm，先端渐尖，基部略呈圆形或渐狭。圆锥花序圆柱形，直立或上部弯曲，刚毛长4～12mm，绿色、黄色或紫色；小穗椭圆形，长2～2.5mm，2至数枚成簇生于缩短的分枝上，每个小穗基本具1～6条刚毛状小枝，成熟后小穗与刚毛分离而脱落；第一颖长为小穗的1/3，第二颖与小穗等长或稍短；第一外稃与小穗等长。颖果椭圆形或长圆形，顶端锐，长约1mm。

细胞染色体 2n=18。

地理分布 在中国各地均有分布，但以黑龙江、吉林、辽宁、河北、山东、山西、内蒙古、陕西、宁夏、甘肃等地较多；世界广布于温带和亚热带地区。在甘肃海拔低于4 000m以下的荒野、道旁，为旱地常见的一种牧草。

饲用价值 茎叶柔软，无论是鲜草或是干草家畜均喜食。鲜、干草马、牛乐食，羊喜食草地上的枯落干草。为优等牧草。狗尾草产量较高，一般产鲜草3 750～4 500kg/hm²，每株鲜重可达40g左右。种子可供家禽饲用。狗尾草的叶占9.5%，叶鞘占19%，茎占59.5%，茎多叶少，秋季秆易粗硬，降低经济价值。秋季的干草还可以作燃料生火烧水做饭，取暖铺床。小穗可提炼糠醛，全草含粗脂肪2.6%，粗蛋白10.27%，无氮浸出物34.55%，粗纤维34.40%，粗灰分10.60%。全草加水煮沸20分钟后，滤出液可喷杀菜虫。

066-1-狗尾草-花序　066-2-狗尾草-全株　　066-3-狗尾草-叶　　　　066-4-狗尾草-群落

短柄草

Brachypodium sylvaticum（Huds）Beauv

别名 绵绵草。

形态特征 多年生。秆丛生，直立或膝曲上升，高50～90cm，具6～7节，节密生细毛。叶鞘大多短于其节间被倒向柔毛；叶舌厚膜质，长1～2mm；叶片长10～30cm，宽6～12mm，两面散生柔毛或仅上面脉上有毛。穗形总状花序长10～18cm，着生10余枚小穗；穗轴节间长1～2cm，直立或弯曲；小穗柄长约1mm，被微毛；小穗圆筒形，长20～30（40）mm，含6～12（16）小花；小穗轴节间长约2mm，贴生细毛；颖披针形，顶端尖或具尖状短芒，上部与边缘被短毛；第一颖长7～9mm，具5～7脉；第二颖长8～12mm，具7～9脉；外稃长圆状披针形，长6～13mm，具7～9脉，背面上部与基盘贴生短毛；芒细直，长8～12mm，微糙涩；内稃短于外稃，顶端截平钝圆，脊具纤毛；花药长约3mm；子房顶端具毛。花果期7—9月。

细胞染色体 2n=18。

地理分布 短柄草主要分布于中国新疆、贵州、四川、陕西、甘肃及江苏等省区。浙江、安徽、湖南、江西、湖北、云南、新疆（天山）等也有分布。在欧洲、亚洲温带和热带山区、中亚、俄罗斯西伯利亚、日本、印度、伊朗、巴基斯坦、伊拉克也有分布。在甘肃主要生于林下、林缘、灌丛中、山地草甸、黄土高原丘陵山地等海拔1 500～3 000m的地方。

饲用价值 短柄草是黄土高原家畜重要的放牧牧草。茎叶柔软，适口性好，幼嫩而富于营养，结实期粗蛋白质含量占干物质的7.0%左右，放牧时马、牛、羊均喜采食，可刈割制干草，也可作青饲料，也可放牧。同时，短柄草很多重要农艺性状与温带禾草类植物相似，是小麦等基因组庞大的重要农作物理想的模式植物。短柄草特别抗旱耐牧，适应性强，植株较矮、易于种植，是黄土高原引种驯化很有前途的放牧及生态用优质牧草。

067-1-短柄草-叶

067-2-短柄草-穗

067-3-短柄草-全株

067-4-短柄草-种子

虎尾草

Chloris virgata Swartz

别名　刷帚头草、棒锤草、狗摇摇。

形态特征　一年生草本。根须状，秆高20～40（80）cm，直立或基部膝曲，丛生，稍扁，光滑无毛。叶鞘松弛，上部叶鞘膨大常带紫色，最上部叶鞘膨大而包裹花序。叶条状披针形，扁平或折卷，长5～25cm，宽3～6mm。穗状花序4～10余枚簇生于茎顶，初期合拢，伸出如棒锤状，长3～7cm，后期排列松散如指状；小穗紧密排列于穗轴一侧，长3～4mm，含2小花，下部小花两性，上部小花不育；颖具1脉；第二颖有短芒；外稃顶端以下生芒，

第一外稃具3脉，内稃稍短于外稃。颖果长椭圆形，长2～3mm。

细胞染色体　2n=20，40。

地理分布　广布于全球温热带地区。在中国各地均有分布，但草原地区分布较多；如北美、墨西哥、高加索、中亚、蒙古、朝鲜和日本等均有分布。在甘肃大部分地方均有分布，适应性极强，耐干旱，喜湿润，不耐淹；喜肥沃，耐瘠薄；适生于路边、荒地、果园、田间也极常见。有时也形成群落，但大面积群落较少，多与其他杂草混生。

饲用价值　虎尾草草质柔软，其茎叶比：叶片占9.1%，叶鞘占27.3%，茎占59.1%，穗占4.5%。营养丰富，属良等牧草。在自然条件下，每公顷产鲜草1 800～3 000kg，栽培后产量可倍增，是有发展前途的一种牧草。可用于改良碱化草原，增加土壤的有机质。在碱斑不毛之地，当雨季到来时，虎尾草迅速生长，因其根系发达，侵占性非常好。可以通过匍匐枝繁殖，而且结实能力很强，即使在不能越冬的地区，第二年也可以通过种子萌发形成新的草丛，株多而密在土壤中能积累大量的有机质。因此，虎尾草不但是牧草，而且还是改良碱化草原的先锋植物之一。对土壤的适应非常广泛，在微酸及微碱土壤中均可种植。

068-1-虎尾草-花序　068-2-虎尾草-全株　　068-3-虎尾草-叶　　　　068-4-虎尾草-群落

拂子茅

Calamagrostis epigeios（L.）Roth

别名　怀绒草、狼尾草、山拂草、水茅草。

形态特征　禾本科根茎型多年生草本。具根状茎；秆直立，平滑无毛或花序下稍粗糙，高45～100cm，径2～3mm。叶鞘平滑或稍粗糙，短于或基部者长于节间；叶舌膜质，长5～9mm，长圆形，先端易撕裂，叶片扁平或边缘内卷，上面及边缘粗糙，下面较平滑，长15～27cm，宽4～8mm。圆锥花序紧密，圆筒形，直立，具间断，长10～30cm，中部径1.5～4cm，分枝粗糙，直立或斜向上升；小穗长5～7mm，淡绿色或带淡紫色；两颖近等长或第二颖稍短，先端渐尖，第一颖具1脉，第二颖具3脉，主脉粗糙；外稃膜质，长约为颖的1/2，顶端具2齿，基盘两侧的柔毛几与颖等长，芒自稃体背面中部附近伸出，细直，长2～3mm；内稃长约为外稃的2/3，顶端细齿裂；小穗轴不延伸于内稃之后，或有时仅于内稃之基部残留1微小的痕迹；花药黄色。花果期6—9月。

细胞染色体　2n=28。

地理分布　拂子茅广泛分布在欧亚大陆温带。在中国几乎各省区均有分布，但主要产在东北、华北、西北各省区；在俄罗斯、蒙古、朝鲜和日本也有分布。甘肃河西走廊地区拂子茅大面积分布的较多。常见于水分条件良好的农田、地埂、河边及土壤常轻度至中度盐渍化的地方。

饲用价值　为中等偏低饲用植物。幼嫩至抽穗期含粗蛋白质较高，马、牛、绵羊、山羊乐食。生长后期，茎叶变粗硬，家畜除非饥饿缺草，几乎不采食；抽穗开花以后晒制的干草，带大量具长柔毛的穗子，家畜，特别是羔羊采食后易积留在瘤胃中而得"毛球病"，饲喂时应引以注意。拂子茅可做造纸及人造纤维工业的原料；根状茎发达，能护堤固岸，稳定河床，是良好的水土保持植物。拂子茅亦可用于园林绿化。

069-1-拂子茅-花序　　069-2-拂子茅-全株　　069-3-拂子茅-叶　　069-4-拂子茅-群落

旱雀麦

Bromus tectorum L.

070-1-旱雀麦-穗

070-2-旱雀麦-叶

070-3-旱雀麦-群落

070-4-旱雀麦-种子

形态特征 一年生禾草。须根细弱，秆直立，丛生，光滑，高20～60cm，具3～4节；栽培的高80～100cm。叶片被柔毛，长5～9cm，宽2～4mm，叶舌长约2mm。圆锥花序开展，长5～15cm，分枝细弱，粗糙，多弯曲，小穗含4～7小花，长约2.5cm（芒除外），幼时绿色，成熟变紫色。小穗密集，偏生一侧，稍弯垂，具4～8小花，长1～1.8cm；小穗轴节间长2～3mm；颖窄披针形，边缘膜质，第一颖长5～8mm，1脉，第二颖长0.7～1cm，3脉。外稃长0.9～1.2cm，一侧宽1～1.5mm，7脉，粗糙或生柔毛，先端渐尖，边缘薄膜质，有光泽，芒细直，长1～1.5cm；内稃短于外稃，脊具纤毛；花药长0.5～2mm。颖果长0.7～1cm，贴生内稃。花果期6—9月。

细胞染色体 2n=14。

地理分布 分布在中国青海、甘肃和四川的西北部；欧洲、北美和北非有分布。旱雀麦生于海拔3 000～4 000m的天然草地，也是农田中的杂草，特别是青稞地，小麦地中较多。它的适应性强，耐寒、抗霜冻、结实性能良好，适宜于中等湿润条件的地区，以中性沙壤土最好，对氮肥很敏感，充足的肥料可大幅度提高其产草量。甘肃东部、中部及西部的大部分地区均有分布。

饲用价值 茎叶柔软，各种牲畜均喜采食，可刈割制干草，也可作青饲料，干草制成率为35%～40%，茎、叶比为1.2∶1。旱雀麦富含无氮浸出物，其余成分含量均属中等。为温性荒漠区的早春牧草。

芦 苇

Phragmites australis Trin.= *Phragmites communis* Trin.

别名　苇子、芦、葭。

形态特征　多年生草本。具根状茎，秆高0.5～3m，最高可达4～6m，直径2～10mm，适宜作牧草用的秆高0.7～1.5m，直径5mm以下；叶鞘无毛或被细毛；叶舌短，叶片扁平，长15～45cm，宽1～3.5cm，光滑而边缘粗糙。圆锥花序稠密，开展，稍垂头，长10～40cm，常呈淡紫红色；小穗含（3）4～7小花，长10～12mm，颖具3脉，第一颖长3～7mm，第二颖长5～11mm；外稃具3脉，基盘具长6～12mm的柔毛；第一小花常为雄花。颖果，长卵形，长0.2～0.25mm，宽0.1mm。

细胞染色体　2n=36，48。

地理分布　在中国分布很广，其中以东北的辽河三角洲、松嫩平原、三江平原，内蒙古的呼伦贝尔和锡林郭勒草原，新疆的博斯腾湖、伊犁河谷及塔城额敏河谷等苇区，是大面积芦苇集中的分布地区。此外，芦苇也广布于全世界。除森林生境不生长外，各种有水源的空旷地带，常以其迅速扩展的繁殖能力，形成连片的芦苇群落。甘肃河西地区的武威、酒泉及张掖国家湿地公园等均有大面积芦苇分布。

饲用价值　嫩茎、叶为各种家畜所喜食。目前大多数都作为放牧地利用，也有用作割草地或放牧与割草兼用，往往作为早春放牧地。芦苇草地有季节性积水或过湿，加之是高草地，适宜马、牛大畜放牧。芦苇地上部分植株高大，又有较强的再生力，以芦苇为主的草地，生物量也是牧草类较高的。除放牧利用外，可晒制干草和青贮。青贮后，草青色绿，香味浓，羊很喜食、牛亦喜食，马多不喜食。芦苇生命力强，易管理，适应环境广，生长速度快，是景点旅游、水面绿化、河道管理、净化水质、沼泽湿地、置景工程、护土固堤、改良土壤之首选，为固堤造陆先锋环保植物。

071-1-芦苇-花序　　071-2-芦苇-全株　　　071-3-芦苇-叶　　　　071-4-芦苇-群落

茅 香

Hierochloe odorata（L）Beauv.

别名 香草、香麻、香茅。

形态特征 茅香属多年生草本植物。根茎细长。秆高50~60cm，具3~4节，上部长裸露。短毛，叶舌膜质，长2~5mm，先端齿蚀状；叶片披针状，长3.5~10cm（分蘖叶长达40cm），宽2~7mm。圆锥花序开展，长约10cm，分枝细弱，带2~3枝簇生；小穗淡黄褐色，有光泽，长3.5~6mm，含1顶两性花及2侧生的雄性花；颖膜质，近等长或第一颖稍短，具1~3脉；雄花外稃多少变硬为古铜色，长4mm，背部向上渐被微毛，边缘具纤毛；内稃稍短于外稃，具2脊，脊具疏短纤毛；雄蕊2，花药长1.5mm；子房长1.5mm；颖果深褐色，长3mm。花期6月。花果6—9月。

地理分布 中生禾草。生于低湿草甸、沟谷、河漫滩、水分条件较好的砂地、摺荒地、地埂等处。我国分布在东北、西北、内蒙古、河北、山东、云南、西藏等省区。甘肃东部、南部和中部均有分布。

饲用价值 茅香在幼嫩时为牛、马、羊所喜食，植株内含芳香物质，抽穗后香味增强，则适口性下降，秋季降霜后至冬春适口性良好，各种家畜乐食。饲用评价上属劣等饲用禾草。茅香含有香豆素，可作香草浸剂。

072-1-茅香-花序　　072-2-茅香-叶

072-3-茅香-全株　　072-4-茅香-群落

落 草

Koeleria cristata（L.）Pers.

别名 六月禾。

形态特征 多年生草本。密丛型，秆高20～45cm，在花序下密生柔毛。叶片扁平或内卷，宽1～2mm；叶鞘枯萎后多碎裂作纤维状残存于秆基。圆锥花序呈紧密穗状，长4～12cm，宽5～14mm，主轴及分枝均被柔毛。小穗无毛，长4～5mm，含2～3小花。颖长2.5～4.5mm，1～3脉，边缘具宽膜质。外稃边缘膜质，无芒，有时具小尖头。内稃透明膜质，稍短于外稃，顶端二裂。

细胞染色体 2n=14，28。

地理分布 欧亚草原有较普遍分布，欧洲的温带部分，俄罗斯、匈牙利、丹麦、瑞典、美国、加拿大等国均有分布。中国主要分布在北部草原区。从东北的松辽平原、内蒙古的呼盟、锡盟及其他高原地区；新疆、青海、甘肃、宁夏及华北等地的山地。在典型草原区和草甸草原以至亚高山普遍散生分布，为绵羊放牧利用的优质牧草。甘肃主要分布在甘南草原。

饲用价值 夏季为羊群的重要采食牧草，草质柔软，适口性优良。绵羊与山羊最喜采食，牛亦喜食，马次之。秋季穗枯以后基生叶亦为绵羊、山羊及牛喜食。为北方牧区和农区山地草场有价值的牧草。草质柔软优良，养分含量丰富，尤其在夏季青草期更佳。蛋白质含量较高，据分析，结穗前粗蛋白质占干物质的23.8%。秋枯期也保持一定的营养含量。消化率较高，尤其是粗蛋白质的消化率为79.34%，较高于其他禾草，为成年家畜夏季抓膘和幼畜生长发育的营养价值较高的牧草。落草均为野生种，在天然植物群落中也很少为建群种，某些地区可为次优种，出现频率很大。生活和繁殖力很强，植物以种子形式繁殖，种子很小。根系发达纤细稠密，耐旱与保土能力很好，为理想的下繁牧用草类。总叶量较少，茎叶比为1.4：1，是一种旱生性牧草。本草因茎叶柔软，营养成分较丰富，枯萎后仍为家畜所采食，出现频率大，固土保水力强，所以它是一种很有利用价值的牧草。

073-1-落草-花序　　073-2-落草-叶片　　073-3-落草-全株　　073-4-落草-群落

醉马草

Achnatherum inebrians（Hance）Keng

别名 马绊肠、断肠草、醉马豆、勺草等。

形态特征 多年生。须根柔韧。秆直立，少数丛生，平滑，高60～100cm，径2.5～3.5mm，通常具3～4节，节下贴生微毛，基部具鳞芽。叶鞘稍粗糙，上部者短于节间，叶鞘口具微毛；叶舌厚膜质，长约1mm，顶端平截或具裂齿；叶片质地较硬，直立，边缘常卷折，上面及边缘粗糙，茎生者长8～15cm，基生者长达

074-1-醉马草-花序　　　074-2-醉马草-全株

30cm，宽2～10mm。圆锥花序紧密呈穗状，长10～25cm，宽1～2.5cm；小穗长5～6mm，灰绿色或基部带紫色，成熟后变褐铜色，颖膜质，几等长，先端尖常破裂，微粗糙，具3脉；外稃长约4mm，背部密被柔毛，顶端具2微齿，具3脉，脉于顶端汇合且延伸成芒，芒长10～13mm，一回膝曲，芒柱稍扭转且被微短毛，基盘钝，具短毛，长约0.5mm；内稃具2脉，脉间被柔毛；花药长约2mm，顶端具毫毛。颖果圆柱形，长约3mm。花果期7—9月。

地理分布 产于内蒙古、甘肃、宁夏、新疆、西藏、青海、四川西部。多生于高草原、山坡草地、田边、路旁、河滩，海拔1 700～4 200m。甘肃河西地区的武威、张掖、酒泉，甘南及陇中的部分地区也有分布。

饲用价值 醉马草有毒，牲畜误食时，轻则致疾、重则死亡。在青藏高原3 000～4 200m的草原上，有时形成极大的群落。醉马草可以作扎笤帚的材料。醉马草多生长在较干燥的沙质土壤，如低山坡、干枯河床和河滩地区，非常耐旱，可以于干旱区植被恢复及环境绿化。

074-3-醉马草-叶　　　074-4-醉马草-种子

波伐早熟禾

Poa poophagorum Bor.

形态特征 多年生，密丛。秆矮小，高15～18cm。叶鞘疏松；叶舌长2～3.5mm；叶片扁平，对折或内卷，长达6cm，宽1.5mm，直伸，两面粗糙，多少灰黄色。圆锥花序狭窄，长2～5cm，宽0.5～1.5cm；分枝短，粗糙；小穗含2～4小花，长3～4（–5）mm；小穗轴无毛或微粗糙，有时被微毛；两颖近相等，第一颖长约2.5mm，第二颖长约3mm，均具3脉，带紫色，

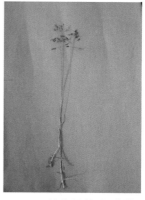

075-1-波伐早熟禾-花序　　075-2-波伐早熟禾-全株

脊微粗糙；外稃纸质，先端与边缘窄膜质，黄色，其下为紫色，具5脉，全部无毛，稀在脊与边脉下部稍有微毛，基盘无绵毛，第一外稃长2.6～3.2mm；内稃两脊粗糙，花药长1.5～2mm。花期6—8月。

地理分布 产于西藏南部、青海、新疆（塔城、叶城）。生于高原草地，海拔3 000～5 500m。在尼泊尔、锡金、喜马拉雅也有分布。波伐早熟禾在甘肃主要分布在青藏高原东缘的甘南玛曲、碌曲等的高寒草地。

饲用价值 波伐早熟禾属草质优良是重要的牧草资源，分蘖甚多，适口性好。再生能力强，冬季保留好。羊最喜食，属优质牧草。波伐早熟禾有较强的抗逆性和生活力。再生性强，在玛曲高寒草地中占有一定比重，有重要的饲用价值。茎叶细嫩，草质优良，抽穗开花结实后茎叶仍保持绿色，在生育期内各类牲畜均喜食。从返青到7月可形成较多的产量，因而作为夏季放牧利用最好，入冬至翌年春季，因叶子凋落，株体残存量少，适口性和营养成分均下降，利用率降低。

075-3-波伐早熟禾-小穗　　　　075-4-波伐早熟禾-种子

草地早熟禾

Poa pratensis L.

别名 六月禾、蓝草、草原莓系。

形态特征 多年生，具发达的匍匐根状茎。秆疏丛生，直立，高50～90cm，具2～4节。叶鞘平滑或糙涩，长于其节间，并较其叶片为长；叶舌膜质，长1～2mm，蘖生者较短；叶片线形，扁平或内卷，长30cm左右，宽3～5mm，顶端渐尖，平滑或边缘与上面微粗糙，蘖生叶片较狭长。圆锥花序金字塔形或卵圆形，长10～20cm，宽3～5cm；分枝开展，每节3～5枚，微粗糙或下部平滑，二次分枝，小枝上着生3～6枚小穗，基部主枝长5～10cm，中部以下裸露；小穗柄较短；小穗卵圆形，绿色至草黄色，含3～4小花，长4～6mm；颖卵圆状披针形，顶端尖，平滑，有时脊上部微粗糙，第一颖长2.5～3mm，具1脉，第二颖长3～4mm，具3脉；外稃膜质，顶端稍钝，具少许膜质，脊与边脉在中部以下密生柔毛，间脉明显，基盘具稠密长绵毛；第一外稃长3～3.5mm；内稃较短于外稃，脊粗糙至具小纤毛；花药长1.5～2mm。颖果纺锤形，具3棱，长约2mm。种子千粒重0.37kg，每千克种子1 600万粒左右，花期5—6月，7—9月结实。

细胞染色体 2n=50，56，58，64，66。

地理分布 草地早熟禾原产于欧洲各地，亚洲北部及非洲北部，后来传至美洲。广泛分布于全球温带地区。俄罗斯亚洲部分和欧洲部分都有分布。欧洲各国多有栽培。在北美、加拿大潮湿地区和美国北部是适应性良好的牧草，并有大面积的栽培。在美国称为肯塔基兰草，是著名的栽培良种，全国都有栽培，是北部年平均15℃等温线附近适应性最好的品种。也是北温带广泛利用的优质的冷地型草坪草。在我国分布在东北地区、甘肃、河北、山东、山西、内蒙古、新疆、青海、西藏、四川、江西等省区，自然分布在冷湿生境，常成为山地草甸的建群种，或为其他草甸性草原群落的伴生种。生于湿润草甸、沙地、草坡，从低海拔到高海拔500～4 000m山地均有。

饲用价值 草地早熟禾是家畜重要的放牧牧草。茎叶柔软，适口性好，幼嫩而富于营养，放牧时马、牛、羊、驴、骡、兔都喜食。对于马是最喜食和完全营养价值的牧草。在种子成熟期前马、牛、羊喜食；成熟后期，茎秆下部变粗硬，适口性降低，上部茎叶，牛、羊仍喜食。夏秋是牦牛、藏羊、山羊的抓膘草，冬季为马的长膘草。用作家禽和猪群的放牧场也很有价值。被认为是较好的放牧型牧草。第二年以后也可以青刈或调制干草。草地早熟禾，从早春到晚秋可以放牧，营养价值较高。其干草还含有丰富的维生素，每千克含胡萝卜素373.3mg，核黄素11.0mg。灰分中各种矿物质元素丰富，如钙、氯、铁、镁、磷、钾、钠、硫依次占干样的0.45%、0.62%、0.03%、0.21%、0.30%，1.87%、0.11%和0.13%，每千克青干草中含铜9.9mg，含锰5.6mg。同时，草地早熟禾青干草营养成分的消化率也比较高。以绵羊为例其粗纤维的消化率为67%，粗脂肪为50%，无氮浸出物为

64%，蛋白质为58%，它的消化能、代谢能和总消化养分也较高，对牛来说，分别为每千克11.68mg、9.58MJ和63%。草地早熟禾也是温带地区广泛利用的优质冷地型草坪草，国内外用于庭园草坪、球场草坪占有很大的优势。发达的根茎、强大的分蘖力和青绿期长等良好的性状，可以迅速形成草丛密、草层整齐的绿色草坪覆盖面，有美化环境、保水固土的作用。

076-1-草地早熟禾-花序

076-2-草地早熟禾-叶

076-3-草地早熟禾-群落

076-4-草地早熟禾-种子

中华羊茅

Festuca sinensis Keng

形态特征 多年生草本。高60~75cm。具须根，秆直立，基部稍倾斜，具4节，节紧缩，无毛呈紫色。叶条形，长6~16cm，宽2~3.1mm；直立，质地稍硬，无毛或被微毛，叶鞘松弛，无毛，长或短于节间；顶生叶片退化；叶舌膜质或革质，具微毛，长0.4~1.5mm。圆锥花序开展，长12~18cm，主枝细弱，中部以下裸露，上部具1~2分枝，小枝具2~4个

077-1-中华羊茅-花序　　　077-2-中华羊茅-全株

小穗，小穗含3~4枚小花，小穗长8~10mm，淡绿色或带紫色；颖果成熟时紫褐色，长约5mm。花果期7—9月。

细胞染色体 2n=6x=42。

地理分布 分布在中国的甘肃、四川、青海、西藏等地。生于海拔2 600~4 800m的高山草甸、山坡草地、灌丛、林下。甘肃在甘南等高海拔地区分布比较多。

饲用价值 茎秆软，地上部分营养枝多，枝叶茂盛，仅在完熟期下部20cm处质地变硬，质量降低。各生育期都含有较高的粗蛋白质，以抽穗期及开花期为最高，分别为14.39%和14.09%；开花后期进入乳熟期时，粗蛋白质下降到10.36%，粗灰分含量中等，粗纤维含量低。青草期为马、牛、羊、骡、驴最喜食，开花后期营养成分虽有所下降，但马、牦牛、藏羊仍喜食。调制的青干草各类家畜喜食，是夏、秋、春三季各类家畜的主要放牧用牧草，易增膘；青干草为冬春补饲的饲草，可保膘。为优等牧草。收获干草最适时期为盛花期，种子收获期，应为种子75%左右成熟时进行。其后的再生草还可以利用放牧。

077-3-中华羊茅-小穗　　　077-4-中华羊茅-种子

二、豆科

苜蓿属

花苜蓿

锦鸡儿属

中间锦鸡儿
小叶锦鸡儿
荒漠锦鸡儿
甘蒙锦鸡儿
狭叶锦鸡儿
红花锦鸡儿
树锦鸡儿

甘草属

甘草

黄芪属

黄芪

多枝黄芪

槐属

苦豆子

高山豆属

高山豆

米口袋属

甘肃米口袋

棘豆属

甘肃棘豆

花苜蓿

Medicago ruthenica L.Trautv.

别名　扁蓿豆、野苜蓿。

形态特征　多年生豆科草本。高20~120cm，最长茎达180cm，茎斜生，近平卧或直立，基部多分枝，丛生，羽状三出复叶；叶柄比小叶短，长2~7（-12）mm，被柔毛；小叶倒卵形或倒卵状楔形或卵圆形或细条椭圆形，先端圆形或截形，微缺，基部楔形，长（6）10~15（25）mm，宽（1.5）3~7（12）mm，边缘有锯齿，顶生小叶稍大，小叶柄长2~6mm，侧生小叶柄甚短，被毛。花序伞形，有时长达2cm，具花（4）6~9（15）朵；总花梗腋生，通常比叶长，挺直，有时也纤细并比叶短；苞片刺毛状，长1~2mm；花长（5）6~9mm；花梗长1.5~4mm，被柔毛；萼钟形，长2~4mm，宽1.5~2mm，被柔毛，萼齿披针状锥尖，与萼筒等长或短；花冠黄褐色，中央深红色至紫色条纹，旗瓣倒卵状长圆形、倒心形至匙形，先端凹头，翼瓣稍短，长圆形，龙骨瓣明显短，卵形，均具长瓣柄；子房线形，无毛，花柱短，胚珠4~8粒。荚果长圆形或卵状长圆形，扁平，长8~15（20）mm，宽3.5~5（7）mm，先端钝急尖，具短喙，基部狭尖并稍弯曲，具短颈，脉纹横向倾斜，分叉，腹缝有时具流苏状的狭翅，熟后变黑；有种子2~6粒。种子椭圆状卵形，长2mm，宽1.5mm，棕色，平滑，种脐偏于一端；胚根发达。花期6—9月，果期8—10月。

细胞染色体　2n=2x=16。

地理分布　在朝鲜、蒙古、俄罗斯（西伯利亚、远东地区）有分布。在中国新疆、青海、甘肃、宁夏、内蒙古、山西、河北、辽宁、吉林、黑龙江等地广泛分布。不论高山草原、草甸草原、荒漠化草原，也不论是丘陵山地或平原，以及田间、路旁都有。花苜蓿是广幅旱生多年生牧草，在甘肃甘南高寒草地、陇中黄土高原丘陵干旱区、河西走廊的沙质土壤中均有分布。

饲用价值　花苜蓿为优等的牧草。适口性好，各种家畜终年喜食。家畜采食此草后，15~20天便可上膘，哺乳母畜食后，乳的质量均可提高，孕畜所产仔畜较肥壮。花苜蓿是异花授粉植物，自交结实率为1.04%。种子成熟不一致，易落粒，要随成熟随收种。种子硬实率高达93.4%。播种前最好用浓硫酸浸种3min，提高发芽率。花苜蓿的营养价值良好，含有较多量的粗蛋白质，但其含量自开花至结实期则下降较多。因此，花期及时刈割具有重要意义。是极有栽培前途的牧草。野生花苜蓿对栽培条件十分敏感，在栽培条件下能充分发挥其生产潜力。当前对它进一步引种驯化，推广栽培是重要有意义的。花苜蓿是典型的上繁草，适合与各种生育期较晚的下繁草或中繁禾本科牧草混播。高寒地区十分缺乏优良豆科牧草，唯有花苜蓿在此类地区广泛分布，种子能完全成熟。且草质优良，适口性好，是建立人工草地和进行草地补播的优良草种，尤其适应与禾本科牧草混播。甘肃甘南牧区试验，将花苜蓿和垂穗披碱草、中华羊茅、华灰早熟禾等混播，最上层为垂穗披碱草和老芒麦、大雀麦等，中层为中华羊茅和华灰早熟禾等，下层为花苜蓿，能形成非常繁茂的混播草层。

078-1-花苜蓿-花

078-2-花苜蓿-叶

078-3-花苜蓿-全株

078-4-花苜蓿-群落

中间锦鸡儿

Caragana intermedia Kuang et H.C.Fu

别名 柠条。

形态特征 灌木。高70~150（200）cm，丛径1~1.5m，多分枝，树皮黄灰色、黄绿色或黄白色；枝条细长，幼时被绢状柔毛。托叶宿存，硬如针刺，长4~7mm；羽状复叶，具小叶6~18，小叶椭圆形成倒卵状椭圆形，宽2~3mm，先端钝圆或锐尖，有小刺尖，长20~25mm；花梗长8~12mm；常中部以上具关节，萼筒状钟形，长7~12mm，密被短柔毛；花冠蝶形，黄色，旗瓣宽卵形或菱形，翼瓣与龙骨瓣长圆形；子房披针形，无毛或疏被短柔毛。荚果披针形或长圆状披针形，顶端短渐尖，长20~25（30）mm，宽4~6（8）mm。

细胞染色体 2n=16。

地理分布 内蒙古、宁夏与其邻近的黄土高原地区均有野生种分布。生于半固定和固定沙地、黄土丘陵。耐寒、耐酷热，抗干旱，耐贫瘠，不耐涝。为旱生灌木，主要生长在荒漠草原带、干草原带的西部地区，是这些地区的建群植物种。轴根性，根系发达，垂直根入土2m，深者达4m；侧根也较发达。兰州地区黄土山坡，不灌溉，生长良好。种子成熟后即爆裂，采种子要掌握这一规律。

饲用价值 适口性好，抓膘牧草。春季绵羊、山羊均喜食其嫩枝叶及花，其他季节采食渐减。骆驼一年四季喜食，马和牛不喜食。荒旱年份它的饲用意义提高。营养价值良好，富含蛋白质，品质较好，粗纤维含量较少，在灰分中钙的含量较高。含有较丰富的必需氨基酸，含量高于一般禾谷类饲料，也高于苜蓿干草，尤以赖氨酸、异亮氨酸、苏氨酸和缬氨酸为丰富。为良等饲用灌木。中间锦鸡儿也是重要的保水、防风、固沙植物。茎叶除做饲料外，也可用作绿肥、燃料。根系发达，根瘤菌多，对改良土壤亦有重要意义。茎秆可用做编织材料，树皮可以作纤维原料。花是良好的蜜源。

| 079-1-中间锦鸡儿-花 | 079-2-中间锦鸡儿-叶 | 079-3-中间锦鸡儿-茎秆 | 079-4-中间锦鸡儿-全株 |

小叶锦鸡儿

Caragana microphyla Lam.

别名　柠条、连针、猴獠刺。

形态特征　灌木。高40~70cm，最高可达1m。树皮灰黄色或黄白色；小枝黄白色至黄褐色。长枝上的托叶宿存，硬化成针刺状，叶轴长15~55mm，脱落。小叶10~20个，羽状排列，倒卵形或倒卵状长圆形，先端微凹或圆形，幼时两面密被绢状短柔毛。花单生，长20~25mm，花冠蝶形，黄色。荚果扁，条形，长（3）4~5cm，宽5~7mm，深红褐色，顶端斜长渐尖。

细胞染色体　2n=16。

地理分布　分布在中国东北及内蒙古、河北、陕西、甘肃等地；蒙古、西伯利亚也有分布。小叶锦鸡儿为草原旱生灌木。耐干旱，亦耐寒，能抗风沙，再生力强，对土壤要求不严。多生于草原地带的沙质地、半固定沙丘、固定沙丘以及山坡等处，广泛散生于地带性植物群落中。甘肃陇中黄土高原、河西部分地区均有分布。

饲用价值　草原地带良好的饲用灌木。绵羊、山羊、骆驼均采食其嫩枝，尤其于春末喜食其花。花营养价值高，有抓膘作用，能使经冬后的瘦弱家畜迅速肥壮。骆驼终年喜食，通常将小叶锦鸡儿灌丛化草原划作骆驼的放牧地，牛、马不食。在营养期含有较高的粗蛋白质，开花以至结实期显著下降。是良好的固沙植物。根、花、种子可入药。

080-1-小叶锦鸡儿-花

080-2-小叶锦鸡儿-叶

080-3-小叶锦鸡儿-荚

080-4-小叶锦鸡儿-种子

荒漠锦鸡儿

Caragana roborovskyi Kom.

别名 洛氏锦鸡儿、猫耳刺、母猪刺。

形态特征 灌木。高30~50cm，树皮黄褐色，条状剥裂；小枝密被白色长柔毛；托叶狭三角形，先端具刺尖；叶轴全部宿存并硬化成针刺，长约2cm，密被柔毛；小叶3~5对，宽倒卵形，长5~7cm，宽2~5mm，两面密被绢状长柔毛。花单生，花梗短，基部具关节，花萼筒形，萼齿狭三角形；蝶形花冠黄色，旗瓣倒宽卵形；翼瓣长椭圆形、耳条形，与爪等长。龙骨瓣先端锐尖，向内弯曲。荚果圆筒形，长25~30mm，宽约4mm，有毛。

细胞染色体 2n=16。

地理分布 分布在中国的新疆、青海、甘肃、宁夏及内蒙古等地。生于干山坡、山沟、黄土丘陵、沙地。荒漠锦鸡儿是一种强旱生矮灌木。主要分布在荒漠草原、草原化荒漠中，有时也进入荒漠。在荒漠地带，仅生长在水分条件比较好的局部生境中，常与山前洪积、冲积扇边缘与缓坡中下部地段径流线等生境有一定联系。甘肃西北部的黄土高原及河西部走廊的干旱、半干旱区均有分布。

饲用价值 在灌丛草原群落中为较好的饲草，荒漠锦鸡儿是家畜冬季重要牧草。羊、骆驼、马均采食，有保膘作用，特别在灾害严重的年份，其他牧草枯死，它却能良好地生长。在甘肃河西地区的常与短花针茅（*S. breviflora*）、木本猪毛菜（*Salsola arbuscula*）、刺旋花（*Convolvulus tragacanthoides*）、蒙古扁桃（*Prunus mongolica*）、无芒隐子草（*Cleistogenes songolica*）等组成不同群落，为主要伴生成分。5—6月开花，绵羊、山羊采食其花序，可增进膘情，恢复体力。荒漠锦鸡儿耐旱、抗寒、耐风蚀沙埋，根系被风蚀裸露也不会导致其死亡衰退，植株被沙埋会导致其分枝更加旺盛地生长，使其成为我国干旱半干旱地区水土保持、防风固沙的良好植物。

081-1-荒漠锦鸡儿-花

081-2-荒漠锦鸡儿-叶

081-3-荒漠锦鸡儿-花枝

081-4-荒漠锦鸡儿-全株

甘蒙锦鸡儿

Caragana opulens Kom.

别名 猫儿刺、柴布日·哈日嘎纳（蒙）。

形态特征 灌木，高40～60cm。树皮灰褐色，有光泽；小枝细长，稍呈灰白色，有明显条棱。假掌状复叶有4片小叶；托叶在长枝者硬化成针刺，直或弯，针刺长2～5mm，在短枝者较短，脱落；小叶倒卵状披针形，长3～12mm，宽1～4mm，先端圆形或截平，有短刺尖，近无毛或稍被毛，绿色。花梗单生，长7～25mm，纤细，关节在顶部或中部以上；花萼钟状管形，长8～10mm，宽约6mm，无毛或稍被疏毛，基部显著具囊状凸起，萼齿三角状，边缘有短柔毛；花冠黄色，旗瓣宽倒卵形，长20～25mm，有时略带红色，顶端微凹，基部渐狭成瓣柄，翼瓣长圆形，先端钝，耳长圆形，瓣柄长稍短于瓣片，龙骨瓣的瓣柄稍短于瓣片，耳齿状；子房无毛或被疏柔毛。荚果圆筒状，长2.5～4cm，宽4～5mm，先端短渐尖，无毛。花期5—6月，果期6—7月。

细胞染色体 2n=16。

地理分布 分布在内蒙古、河北、山西、陕西、宁夏、甘肃、青海东部、四川北部、西藏昌都地区。生于海拔高达3 400m的干山坡、沟谷、丘陵。甘蒙锦鸡儿是一种抗干旱、耐瘠薄的绿化荒山优良先锋饲用灌木。甘蒙锦鸡儿在甘肃多分布在海拔1 700～3 000m的干旱山坡及荒漠，耐盐碱及平茬。在甘肃定西、河西地区均有分布，对土壤要求不严。

饲用价值 甘蒙锦鸡儿是干旱区较好的饲草，羊、骆驼等均喜食。叶子的粗脂肪含量为4%～7.35%，粗蛋白含量8%～18%，为优良饲料。嫩枝可做绿肥，多年生枝条粗纤维含量高，比较柔韧，在民间用途广泛。甘蒙锦鸡儿有很好的水土保持性能，它们既能通过种子进行更新，也可通过营养繁殖实现扩展，其在黄土高原的恶劣环境中所起的生态作用远远大于其自身的经济价值，其萌生力强，在一些乔、灌木不能生长的干旱阳坡和其他树种难以成活的干旱地带，可率先侵入，成为先锋种。甘蒙锦鸡儿根系发达，在土层8m以下还有分布，而且盘根错节，提高了土壤的固持力，从而减少了黄土高原滑坡、塌方等形式的土壤侵蚀，在植被恢复中具有潜在的价值。同时也是很好的薪材。

082-1-甘蒙锦鸡儿-叶　　082-2-甘蒙锦鸡儿-花枝　　082-3-甘蒙锦鸡儿-茎　　082-4-甘蒙锦鸡儿-全株

狭叶锦鸡儿

Caragana stenophylla Pojark

别名 皮溜刺、母猪刺。

形态特征 矮灌木，高30~80cm。树皮灰绿色，黄褐色或深褐色；小枝细长，具条棱，嫩时被短柔毛。假掌状复叶有4片小叶；托叶在长枝者硬化成针刺，刺长2~3mm；长枝上叶柄硬化成针刺，宿存，长4~7mm，直伸或向下弯，短枝上叶无柄，簇生；小叶线状披针形或线形，长4~11mm，宽1~2mm，两面绿色或灰绿色，常由中脉向上折叠。花梗单生，长5~10mm，关节在中部稍下；花萼钟状管形，长4~6mm，宽约3mm，无毛或疏被毛，萼齿三角形，长约1mm，具短尖头；花冠黄色，旗瓣圆形或宽倒卵形，长14~17（20）mm，中部常带橙褐色，瓣柄短宽，翼瓣上部较宽，瓣柄长约为瓣片的1/2，耳长圆形，龙骨瓣的瓣柄较瓣片长1/2，耳短钝；子房无毛。荚果圆筒形，长2~2.5cm，宽2~3mm。花期4—6月，果期7—8月。

细胞染色体 2n=16。

地理分布 产于东北、内蒙古、河北、山西、陕西、宁夏、甘肃西北部、新疆东部及北部。生于沙地、黄土丘陵、低山阳坡。俄罗斯和蒙古也有分布。在甘肃河西地区有分布，耐旱性极强，是很好的生态恢复灌木。

饲用价值 为羊、骆驼等喜食的较好饲草。枝叶繁茂，枝梢和叶片可作饲草，种子经加工后可作精饲料，加工方法以揉碎为最佳。羊喜欢采食较嫩的枝叶，采食率不高。枝叶可以做放牧利用。羊、骆驼等在春季主要采食嫩枝叶，夏秋仅采食花，霜后喜食嫩枝，马、牛采食量较小。狭叶锦鸡儿很耐干旱，为良好的固沙和水土保持植物。

083-1-狭叶锦鸡儿-叶　　083-2-狭叶锦鸡儿-嫩枝　　083-3-狭叶锦鸡儿-老枝　　083-4-狭叶锦鸡儿-全株

红花锦鸡儿

Caragana rosea Turcz. ex Maxim.

别名　金雀儿、黄枝条、乌兰·哈日嘎纳（蒙）。

形态特征　灌木，高0.4~1m。树皮绿褐色或灰褐色，小枝细长，具条棱，托叶在长枝者成细针刺，长3~4mm，短枝者脱落；叶柄长5~10mm，脱落或宿存成针刺；叶假掌状；小叶4，楔状倒卵形，长1~2.5cm，宽4~12mm，先端圆钝或微凹，具刺尖，基部楔形，近革质，上面深绿色，下面淡绿色，无毛，有时小叶边缘、小叶柄、小叶下面沿脉被疏柔毛。花梗单生，长8~18mm，关节在中部以上，无毛；花萼管状，不扩大或仅下部稍扩大，长7~9mm，宽约4mm，常紫红色，萼齿三角形，渐尖，内侧密被短柔毛；花冠黄色，常紫红色或全部淡红色，凋时变为红色，长20~22mm，旗瓣长圆状倒卵形，先端凹入，基部渐狭成宽瓣柄，翼瓣长圆状线形，瓣柄较瓣片稍短，耳短齿状，龙骨瓣的瓣柄与瓣片近等长，耳不明显；子房无毛。荚果圆筒形，长3~6cm，具渐尖头。花期4—6月，果期6—7月。

细胞染色体　2n=16。

地理分布　产于东北、华北、华东及河南、甘肃等地。亚洲和欧洲的干旱和半干旱地区是其主要分布地带，生于山坡及沟谷。适应性强、花期长，甘肃南部等地区有分布。

饲用价值　适口性一般，主要是羊吃叶和嫩枝。牛、马偶尔也采食。可作为家畜饲料的补充，平衡动物日粮中的蛋白质和其他营养元素，缓解饲草料供应不足，拓宽粗饲料来源。是一种保持水土、改善生态环境的重要灌木饲料。在生态建设和畜牧业发展方面都具有一定的应用前景。由于花密集，花期长，鲜艳，可作为庭院绿化，特别适合作为高速公路两旁的绿化带。用种子、扦插或嫁接繁殖，定植后不易移栽。

084-1-红花锦鸡儿-花　　084-2-红花锦鸡儿-叶　　084-3-红花锦鸡儿-枝条　　084-4-红花锦鸡儿-全株

树锦鸡儿

Caragana arborescens Lam.

别名　蒙古锦鸡儿、陶日格·哈日嘎纳（蒙）。

形态特征　小乔木或大灌木，高2～6m；老枝深灰色，平滑，稍有光泽，小枝有棱，幼时被柔毛，绿色或黄褐色。羽状复叶有4～8对小叶；托叶针刺状，长5～10mm，长枝者脱落，极少宿存；叶轴细瘦，长3～7cm，幼时被柔毛；小叶长圆状倒卵形、狭倒卵形或椭圆形，长1～2（2.5）cm，宽5～10（13）mm，先端圆钝，具刺尖，基部宽楔形，幼时被柔毛，或仅下面被柔毛。花梗2～5簇生，每梗1花，长2～5cm，关节在上部，苞片小，刚毛状；花萼钟状，长6～8mm，宽7～8mm，萼齿短宽；花冠黄色，长16～20mm，旗瓣菱状宽卵形，宽与长近相等，先端圆钝，具短瓣柄，翼瓣长圆形，较旗瓣稍长，瓣柄长为瓣片的3/4，耳距状，长不及瓣柄的1/3，龙骨瓣较旗瓣稍短，瓣柄较瓣片略短，耳钝或略呈三角形；子房无毛或被短柔毛。荚果圆筒形，长3.5～6cm，粗3～6.5mm，先端渐尖，无毛。花期5—6月，果期8—9月。

细胞染色体　2n=20。

地理分布　产于黑龙江、内蒙古东北部、河北、山西、陕西、甘肃、新疆。俄罗斯也有。生于林间、林缘。乌鲁木齐、西宁、沈阳庭园栽培均能生长，但不及其他旱生种耐旱。甘肃玉门和甘肃省民勤引种的生长均良好。甘肃东部地区有分布。

饲用价值　绵羊、山羊、骆驼均采食其嫩枝和花，牛、马极少采食，适口性较差。花营养价值高，叶及嫩枝的粗蛋白质的含量开花后迅速下降。后期在没有优良牧草的情况下，牲畜才啃食。枯黄后叶片保留良好，在冬季大雪覆盖后，家畜采食，有一定饲用价值。可作为庭园观赏及绿化用。种子含油率10%～14%，可做肥皂及油漆用。为中国北方水土保持和固沙造林树种，是城乡绿化中常用的重要灌木，可孤植、丛植，也可作绿篱材料。

085-1-树锦鸡儿-叶　　085-2-树锦鸡儿-花　　　　085-3-树锦鸡儿-荚　　　　085-4-树锦鸡儿-全株

甘　草

Glycyrrhiza uralensis Fisch.

别名　甜草、甜根子。

形态特征　多年生草本。高30～70cm，根粗壮，外皮红褐色至暗褐色，横断面内部淡黄色或黄色，有甜味。茎直立，密被白色短毛及刺毛状腺体。羽状复叶，具小叶7～17，卵形、倒卵形、近圆形或椭圆形，长1～3.5cm，宽1～3cm，先端尖或钝，基部圆形或宽楔形，两面有短毛和腺体。总状花序腋生，花密集；花萼筒状；密被短毛和腺体；花冠蝶形，淡蓝紫色或紫红色，长14～25mm，荚果条状长圆形、镰刀形或弯曲成环状，褐色，外面密被刺毛状腺体。种子2～8粒，扁圆形或肾形，黑色。

细胞染色体　2n=16。

地理分布　中国分布在东北、华北及西北等地；蒙古、西伯利亚、中亚、巴基斯坦、阿富汗也有分布。甘肃野生甘草资源主要分布在安西、金塔、民勤、环县、合水、华池、天水地区等。栽培甘草主产于河西走廊，陇西周边等地区。

饲用价值　中等饲用植物。现蕾前骆驼乐食，绵羊、山羊亦采食，但不十分乐食。干枯后羊、马、骆驼均喜食，羊尤喜食其荚果，牛冬季乐食。青鲜时营养价值虽然较高，但适口性很低，与含有单宁有关。粗蛋白质和无氮浸出物含量丰富。蛋白质含量以现蕾期为最高，此时刈制的干草具有较高的饲用价值。在典型草原或荒漠草原地带可作为放牧或刈制干草利用。根可为药用，能清热解毒，润肺止咳，调和诸药等，主治咽喉肿痛、咳嗽、脾胃虚弱、药物及食物中毒等症；在食品工业上可做啤酒的泡沫剂或酱油、蜜饯、果品香料剂；做灭火器的泡沫剂。甘草耐寒、耐旱、耐盐碱，生长期较长，地面覆盖度高，为我国西北干旱、半干旱荒漠化地区进行盐碱地改良和防风固沙的重要牧草植物。

086-1-甘草-叶　　　086-2-甘草-荚　　　086-3-甘草-花枝　　086-4-甘草-全株

黄 芪

Astragalus membranaceus（Fisch.）Bge.

别名　膜荚黄芪、绵芪、绵黄芪、黄耆、百本、百药棉。

形态特征　黄芪属多年生草本植物。高60～150cm，有长柔毛。茎直立，多分枝，具细棱，奇数羽状复叶，小叶13～27，卵状披针形或椭圆形，长7～30mm，宽4～10mm，两面有白色长柔毛，叶轴有长柔毛；托叶狭披针形，长约6mm，有白色长柔毛。总状花序腋生；花下有条形苞片，花萼筒状，长约5mm，萼齿短，有白色长柔毛；花冠白色，旗瓣无爪，较翼瓣和龙骨瓣长，翼瓣、龙骨瓣有长爪，子房有毛，有子房柄。荚果膜质，膨胀，卵状矩圆形，有长柄，被黑色短柔毛，顶端具短喙，长20～30mm，宽8～12mm，含种子3～8粒；种子肾形，棕褐色。

细胞染色体　2n=16。

地理分布　喜生于向阳山坡。分布于东北、华北、甘肃、四川、西藏等省区。山西沁源、忻州、太原、大同、五台、晋中、晋东南、运城等地有生长。在甘肃南部、中部等地均有分布。适应性强，喜阳，喜凉爽气候，耐寒，耐旱，不耐热，不耐水淹。以土层深厚、富含腐殖质、透水性强的砂质壤土上生长良好。

饲用价值　黄芪为中等饲用植物。其适口性较好，青鲜茎叶牛、羊、驴均采食。其花末期粗蛋白含量26.07%，粗脂肪含量2.50%，粗纤维含量19.32%，无氮浸出物含量37.78%，粗灰分含量14.33%。黄芪的药用迄今已有2000多年的历史，其有增强机体免疫功能、保肝、利尿、抗衰老、抗应激、降压和较广泛的抗菌作用。野生品种秋季挖根；栽培品种播种后4～5年春季萌芽前或秋季落叶后采挖，除去茎苗及须根，晒干。近几年，由于长期大量采挖，野生黄芪的数量急剧减少，有趋于绝灭的危险。为此确定该植物为渐危种，国家三级保护植物。

087-1-黄芪-花序　　087-2-黄芪-嫩枝　　　　087-3-黄芪-叶　　　　　087-4-黄芪-全株

多枝黄芪

Astragalus polycladus Bur. et Franch.

　　形态特征　豆科多年生草本植物。根状茎粗壮，匍匐茎多分枝，瘦弱，长约50cm。托叶联合，小叶11～21，卵状披针形或阔椭圆形。长3～10mm，宽1～4mm，叶两面均被有白色伏贴的长柔毛，顶端钝。总状花序紧密，多花，花冠红色或堇色；荚果有隔膜，长5～6mm，花果期6—9月。与松潘黄芪（*A. sunpanlnsis*）外形近似，其区别在于多枝黄芪荚果腹面有隔膜，种子排列在膜两边，而后者无隔膜。

　　细胞染色体　2n=2x=16。

　　地理分布　中国四川、青海、甘肃、云南、西藏等地均有分布。多枝黄芪系为中国的特有种，在甘肃主要分布在南部的甘南等地，是一种在高寒草甸（海拔2 100～4 100m）干旱山坡、平滩、路边、沟谷常见的优良牧草，目前尚未由人工引种栽培。

　　饲用价值　多枝黄芪返青较早，枯萎晚，耐牧力强，草质优良，常年为各类家畜所喜食，是天然草场上的优良豆科牧草。也是高寒草甸的主要成分，为在这些地区放养家畜，提供了丰富不可多得的优良牧草。多枝黄芪营养成分高，适口性好，各类家畜均喜食，特别对于绵羊、牦牛等高寒地区的草食家畜来说，是天然放牧场上优质牧草来源。另外，多枝黄芪是一种很有栽培前途的野生牧草，与其他禾本科牧草混播，建立人工草场，其生产性能、再生能力和营养成分均较为理想，是较好的刈牧兼用优良牧草。多枝黄芪繁殖能力极强，是良好的水土保持植物，特别在气候较寒冷，植被稀少、水土流失较严重的地区种植，更有重要的饲用和经济价值。

088-1-多枝黄芪-花

088-2-多枝黄芪-叶

088-3-多枝黄芪-根

088-4-多枝黄芪-全株

苦豆子

Sophora alopecuroides L.

别名 草本槐、苦豆根。

形态特征 草本，或基部木质化成亚灌木状。根直伸细长，多侧根。茎直立，上部分枝，高30～60（80）cm。全株密被灰白色平伏绢状柔毛。单数羽状复叶，互生，长6～15cm，小叶11～25，矩圆状披针形或矩圆形，全缘，长1.5～2.8cm，宽7～10mm，两面及叶柄均密生平伏绢毛，呈灰绿色；托叶小，钻形、宿存。总状花序生于分枝顶端，长约10～15cm，花多数紧密排列。萼针形，密生平伏绢毛，顶端具短三角状萼齿，花白色，较萼长2～3倍，翼瓣具耳；雄蕊10枚，分离。荚果念珠状，长5～12cm，密生平伏短绢毛，内有种子（3）6～12粒。种子宽卵形，黄色或淡褐色，长4～5mm。

细胞染色体 2n=18，36。

地理分布 广布在中国甘肃、河北、河南、山西、陕西、内蒙古、宁夏、新疆和西藏等地；蒙古、哈萨克斯坦、中亚、高加索及俄罗斯欧洲部分，也见于亚洲西南部。多生于干旱沙漠和草原边缘地带。在甘肃中部、河西走廊等地区的荒漠和半荒漠区、半固定沙丘和固定沙丘均有大量分布，耐旱耐碱性强，生长快，在黄河两岸常栽培以固定土砂，甘肃一些地区作为药用。

饲用价值 适口性差，含有生物碱，在整个生长发育阶段饲用价值较低，各种家畜均不采食，或仅于开花期采食其花序，倘若家畜在饥饿状态下采食后，轻者引起消化不良，重者发生痉挛。秋霜及干枯后，马、驴、牛、羊及骆驼采食，山羊和驴较喜食。在缺乏饲草的情况，是各种家畜的重要饲草之一，叶、果和部分茎枝均可采食。苦豆子不仅是优良可利用牧草，还是重要的药用植物资源，用途广泛，开发利用价值极高。根入中药，有清热、解毒、燥湿、杀虫功效，藏医用于治疗咳嗽与解热，疗效良好。可做绿肥，是优良的固沙植物和重要的蜜源植物。

089-1-苦豆子-荚果　089-2-苦豆子-全株　　089-3-苦豆子-叶　　　089-4-苦豆子-种子

高山豆

Tibetia himalaica（Baker）H. P. Tsui

别名 单花米口袋、异叶米口袋。

形态特征 多年生草本，主根直下，上部增粗，分茎明显。叶长2～7cm，叶柄被稀疏长柔毛；托叶大，卵形，长达7mm，密被贴伏长柔毛；小叶9～13，圆形至椭圆形、宽倒卵形至卵形，长1～9mm，宽1～8mm，顶端微缺至深缺，被贴伏长柔毛。伞形花序具1～3朵花，稀4朵；总花梗与叶等长或较叶长，具稀疏长柔毛；苞片长三角形。花萼钟状，长3.5～5mm，被长柔毛，上2萼齿较大，长1.5～2mm，基部合生至一1/2处，下3萼齿较狭而短；花冠深蓝紫色；旗瓣卵状扁圆形，长6.5～8mm，宽4.5～7.5mm，顶端微缺至深缺，瓣柄长2mm；翼瓣宽楔形具斜截头，长6～7mm，宽2～3mm，线形瓣柄长1.5mm，龙骨瓣近长方形。长3～4mm，宽1～2mm，瓣柄长约1.5mm；子房被长柔毛，花柱折曲成直角。荚果圆筒形或有时稍扁，被稀疏柔毛或近无毛。种子肾形，光滑。花期5—6月，果期7—8月。

地理分布 产于甘肃、青海东部和四川西部、南部至西藏东部和中部。生于海拔3 000～5 000m的山区。印度、不丹、锡金、尼泊尔、巴基斯坦也有分布。在甘肃甘南等地均有分布。

饲用价值 高山豆为高寒草地十分珍贵的豆科牧草，适口性好，茎叶为牛羊等家畜所喜食，特别是牦牛全株都喜食，是早春恢复牲畜体力的良好饲料。高山豆根系发达，保持水土能力强。全草有清热解毒、利尿的功能。由于高山豆的生存环境和分布范围特殊，因此对高山豆的引种驯化具有主要价值。

090-1-高山豆-叶

090-2-高山豆-茎

090-3-高山豆-花

090-4-高山豆-全株

甘肃米口袋

Gueldenstaedtia gansuensis H. P. Tsui

091-1-甘肃米口袋-花

091-2-甘肃米口袋-叶

091-3-甘肃米口袋-荚

091-4-甘肃米口袋-全株

别名 甜地丁。

形态特征 多年生草本，主根直下，分茎较缩短。托叶狭三角形，被稀疏柔毛，基部合生并贴生于叶柄，叶长2~5cm，被疏柔毛，小叶9~15片，椭圆形或长圆形，长2~8mm，宽1.5~3.5mm，先端圆到微缺。伞形花序具2~3朵花，总花梗纤细，可长于叶1倍，被疏柔毛；苞片钻形，小苞片线形。花萼钟状，长5mm，上2萼齿稍长而宽，长2.5mm，下3萼几相等；花冠紫红色，旗瓣倒卵形，长9mm，宽5mm，基部渐狭成瓣柄，翼瓣长倒卵形具斜截头，长7mm，宽2mm，具短线形瓣柄，龙骨瓣卵形，长4mm，宽1.5mm，先端具斜急尖，具耳及线形瓣柄，瓣柄长2mm，子房圆棒状，密被长柔毛，花柱纤细，卷曲。荚果狭长卵形，或圆棒状，长1.5cm，宽3.5mm，被稀疏柔毛；总果梗较叶长。种子肾形，具凹点。花期4—5月，果期6—7月。

细胞染色体 2n=14。

地理分布 主要分布在陕西、甘肃。多生于向阳的草山草坡等处。在甘肃东部的庆阳、甘肃中部的定西及甘肃东南部的甘南等地区均有分布。

饲用价值 甘肃米口袋为良等饲用植物，适口性好，茎叶为牛、羊等家畜所喜食，是一种良好的牧草植物。嫩茎富含粗蛋白、粗灰分、粗纤维和粗脂肪，大量元素K、Ca，人体必需微量元素Fe、Cu、Mn、Zn等，可作为保健蔬菜开发应用。甘肃米口袋有很高的药用价值，具有强清除自由基作用，不仅可减缓食用油脂氧化变质，而且还使食用油脂具有保健功能，可作为新型食用油脂和含脂食品添加剂使用。甘肃米口袋属野生资源，采收期较短，且全草可入药，野生采集较为困难。甘肃米口袋耐旱，根系发达，保持水土能力强，具有重要的保护生态、美化环境价值。

甘肃棘豆

Oxytropis kansuensis Bunge

别名　田尾草、施巴草、疯马豆、马绊肠。

形态特征　多年生草本，高（8）10～20cm，茎细弱，铺散或直立，基部的分枝斜伸而扩展，绿色或淡灰色，疏被黑色短毛和白色糙伏毛。羽状复叶长（4）5～10（13）cm；托叶草质，卵状披针形，长约5mm，先端渐尖，与叶柄分离，彼此合生至中部，疏被黑色和白色糙伏毛；叶柄与叶轴上面有沟，于小叶之间被淡褐色腺点。疏被白色间黑色糙伏毛；小叶17～23（29），卵状长圆形、披针形，长（5）7～13mm，宽3～6mm，先端急尖，基部圆形，两面疏被贴伏白色短柔毛，幼时毛较密。多花组成头形总状花序；总花梗长7～12（15）mm，直立，具沟纹，疏被白色间黑色短柔毛，花序下部密被卷曲黑色柔毛；苞片膜质，线形，长约6mm，疏被黑色的白色柔毛；花长约12mm；花萼筒状，长8～9mm，宽约3mm，密被贴伏黑色间有白色长柔毛，萼齿线形，较萼筒短或与之等长；花冠黄色，旗瓣长约12mm，瓣片宽卵形，长8mm，宽8mm，先端微缺或圆，基部下延成短瓣柄，翼瓣长约11mm，瓣片长圆形，长7mm，宽约3mm，先端圆形，瓣片柄5mm，龙骨瓣长约10mm，喙短三角形，长不足1mm；子房疏被黑色短柔毛，具短柄，胚珠9～12。荚果纸质，长圆形或长圆状卵形，膨胀，长8～12mm，宽约4mm，密被贴伏黑色短柔毛，隔膜宽约0.3mm，1室；果梗长1mm。种子11～12颗，淡褐色，扁圆肾形，长约1mm。花期6—9月，果期8—10月。

细胞染色体　2n=16。

地理分布　产于宁夏、甘肃、青海（东部、柴达木盆地和南部）、四川西部和西北部、云南西北部及西藏西部和南部。生于海拔2 200～5 300m的路旁、高山草甸、高山林下、高山草原、山坡草地、河边草原、沼泽地、高山灌丛下、山坡林间砾石地及冰碛丘陵上。模式标本采自青海大通河流域的高山地区。尼泊尔也有分布。甘肃河西地区、陇中及甘肃东南部均有广泛分布。其中在甘南州、肃南县、天祝县及河西走廊地区分布较多。

饲用价值　甘肃棘豆对山羊脑、肝、肾、心和其他脏器有不同程度的损害作用，并能降低机体细胞免疫功能，其有毒成分属于吲哚兹定生物碱。但中毒羊有一定的自愈能力。我国北方和西北地区危害较为严重的毒草。在自然状态下能引起马和绵羊的慢性中毒，一般发生于含该植物密度大、面积广的草场。此外甘肃棘豆具有药用价值，可解毒医疮，止血利尿。

092-1-甘肃棘豆-叶

092-2-甘肃棘豆-花枝

092-3-甘肃棘豆-荚果

092-4-甘肃棘豆-全株

三、菊科

狗哇花属

阿尔泰狗娃花

紫菀属

紫菀
高山紫菀

蒲公英属

蒲公英

蒿属

冷蒿
沙蒿
臭蒿
白蒿
油蒿
铁杆蒿

风毛菊属

风毛菊
长毛风毛菊
柳叶菜风毛菊
瑞苓草

亚菊属

细叶亚菊

蓟属

刺儿菜
葵花大蓟

麻花头属

麻花头

橐吾属

黄帚橐吾
箭叶橐吾

火绒草属

火绒草

香青属

乳白香青

牛蒡属

牛蒡

一枝黄花属

一枝黄花

阿尔泰狗娃花

Heteropappus altaicus（Willd.）Novopokr.=*Aster altaicus* Willd.

093-1-阿尔泰狗娃花-花

093-2-阿尔泰狗娃花-叶

093-3-阿尔泰狗娃花-全株

093-4-阿尔泰狗娃花-群落

别名 阿尔泰紫菀。

形态特征 多年生草本，高20~40cm，全株被弯曲短硬毛和腺点。茎多由基部分枝，斜升。叶疏生或密生，基部叶在花期枯萎；下部叶条形或矩圆状披针形，倒披针形，或近匙形，长2.5~6cm，稀达10cm，宽0.7~1.5cm，全缘或有疏浅齿；上部叶渐狭小，条形；全部叶两面或下面被粗毛或细毛，常有腺点，中脉在下面稍凸起。头状花序单生枝端或排列成伞房状，直径2~3cm，单生枝端或排成伞房状。总苞片半球形革质，2~3层，近等长或外层稍短，矩圆状披针形或条形，长4~8mm，宽0.6~1.8mm，顶端渐尖，背面或外层全部草质，被毛，常有腺，边缘膜质。舌状花淡蓝紫色，管状花黄色，上端有5裂片，其中有1裂片较长。瘦果长圆状倒卵形；长2~2.8mm，宽0.7~1.4mm，灰绿色或浅褐色，被绢毛，上部有腺。冠毛污白色或红褐色，长4~6mm，有不等长的微糙毛。花果期5—9月。

细胞染色体 2n=18，36。

地理分布 分布于中国东北、华北、陕西、湖北、四川、甘肃、青海、新疆、西藏等地；蒙古、西伯利亚及中亚地区也有。甘肃大部分地区均有分布，生于草原、荒漠地、沙地及干旱山地。

饲用价值 中等饲用植物。家畜仅采食其一部分。在生长早期，山羊及绵羊乐食其嫩枝叶，绵羊喜食其花。开花后地上部分骆驼爱采食，牛及马不乐食。干枯后羊乐食，其他家畜也采食。据报道，其可食性系数为春季40%、夏季57.54%、秋季54.33%、冬季58.24%。据分析，化学成分中粗蛋白质、粗脂肪及无氮浸出物的含量均不低，但通常在青鲜时家畜不喜食，而在干枯后乐食，是由于其植株内含有某些不适口的物质或具有不良气味所致。

紫　菀

Aster tataricus L.

别名　青牛舌头花、驴耳朵菜、青菀、山白菜、还魂草。

形态特征　紫菀属多年生草本植物。高40～150cm，茎直立，粗壮，有疏粗毛，基部有纤维状枯叶残片，直沟棱。叶互生，基生叶花期枯落，长网状或椭圆状匙形，长20～50cm，宽3～13cm；上部叶狭小；厚纸质，两面有粗短毛，中脉粗壮，有6～10对羽状侧脉。头状花序直径2.5～4.0cm。在茎枝顶端排成复伞房状，花梗细长，常有线形苞叶；总苞半球形，宽10～25mm，总苞片3层，外层渐短，全部革质，顶端尖或圆形，边缘宽膜质，紫红色；舌状花20多个，蓝紫色；中央有多数筒状两性花，黄色。瘦果倒卵状矩圆形，紫褐色，长2.5～3mm。两面各有1或少有3脉，有疏粗毛；冠毛污白色或带紫红色，长6mm，有多数不等长的糙毛。

细胞染色体　2n=32。

地理分布　中生植物。也分布在朝鲜、日本及俄罗斯西伯利亚东部。生于低山阴坡湿地、山顶和低山草地及沼泽地，习见于山地疏林及灌丛或草甸中。我国分布在东北、华北、西北等地区。甘肃的河西及甘肃南部等地区有分布。

饲用价值　紫菀为中等饲用植物。在青鲜或干枯状态下，牛、羊均乐食，有优良牧草时则一般不食；马通常不食，如果混入调制好的干草中，于冬春季节给家畜补饲则适口性提高。其营养成分在花期其粗蛋白质含量占干物质的15.97%，粗脂肪1.84%，粗纤维26.47%，无氮浸出物43.33%，粗灰分12.39%，钙1.09%，磷0.57%。

094-1-紫菀-花序

094-2-紫菀-果枝

094-3-紫菀-叶

094-4-紫菀-全株

高山紫菀

Aster alpinus L.

095-1-高山紫菀-花序

095-2-高山紫菀-果枝

095-3-高山紫菀-全株

095-4-高山紫菀-种子

形态特征　多年生草本，根状茎粗壮，有丛生的茎和莲座状叶丛。茎直立，高10～35cm，不分枝，基部被枯叶残片，被密或疏毛，下部有密集的叶。下部叶在花期生存，匙状或线状长圆形，长1～10cm，宽0.4～1.5cm，渐狭成具翅的柄，有时成长达11cm的细柄，全缘，顶端圆形或稍尖；中部叶长圆披针形或近线形，下部渐狭，无柄；上部叶狭小，直立或稍开展；全部叶被柔毛，或稍有腺点；中脉及三出脉在下面稍凸起。头状花序在茎端单生，径3～3.5cm或达5cm。总苞半球形，径15～20mm，长6～8mm，稀10mm；总苞片2～3层，等长或外层稍短，上部或外层全部草质，下面近革质，内层边缘膜质，顶端圆形或钝，或稍尖，边缘常紫红色，长6～8mm，宽1.5～2.5mm，被密或疏柔毛。舌状花35～40个，管部长约2.5mm，舌片紫色、蓝色或浅红色，长10～16mm，宽2.5mm。管状花花冠黄色，长5.5～6mm，管部长2.5mm，裂片长约1mm；花柱附片长0.5～0.6mm。冠毛白色，长约5.5mm，另有少数在外的极短或较短的糙毛。瘦果长圆形，基部较狭，长3mm，宽1～1.2mm，褐色，被密绢毛。花期6—8月；果期7—9月。

细胞染色体　2n=18，36。

地理分布　广泛分布在欧洲、亚洲西部、中部、北部、东北部及北美洲。我国北部、西北部地区有广泛分布。甘肃甘南等高寒草地较为常见。能适应高海拔山区及冰雪环境，抗逆性强，有极耐寒的特性，生境的土壤类型多为高寒草甸土。

饲用价值　高山紫菀适口性较好。马牛采食，羊喜食，野牦牛、野驴、野羊等野生动物全年喜食。为中等牧草。常伴生于嵩草、线叶嵩草、西果苔草、珠芽蓼为建群种的草地中。冬春季节其干草大多数家畜及野生动物均采食。

蒲公英

Taraxacum mongolicum Hand.-Mazz.

别名 婆婆丁、公英、姑姑英。

形态特征 多年生草本。全株含白色乳汁。叶莲座状平展，长圆状披针形或倒披针形，长5～20cm，宽1～5cm，羽状深裂，顶裂片较大，三角形或三角状戟形，侧裂片披针形或三角形，全缘或具波状齿。花葶数个，上部密被蛛丝状毛；头状花序单生；外层总苞片较短，卵状披针形至披针形，边缘膜质，顶端有小角，内层者条状披针形，顶端有小角；舌状花黄色。瘦果倒卵状披针形，长约4mm，暗褐色，中部以上具刺状突起，喙长6～10mm，冠毛白色。

细胞染色体 2n=18，24。

地理分布 朝鲜、蒙古、俄罗斯也有。中国分布广泛，在华北、华中、华东、东北、西北等区的许多地方都有分布。甘肃全省各地的田野、路旁、山坡，以及房前屋后，均有蒲公英生长。

饲用价值 适口性好，特别是猪、禽喜食。植株营养丰富，蛋白质含量较高。蒲公英出苗早、枯黄晚，叶柔嫩，整个植株在生育期内均可采用。新鲜蒲公英适宜喂鸡、鸭、鹅、兔等家禽，有催肥和增强体质的作用。4—5月可采食嫩叶，也是人们喜食的山野菜。因植株低，体内多汁，不宜调制干草，多用于放牧或青喂。蒲公英还可做药用，有清热解毒的功效，有良好的抗感染作用，亦为缓和轻泻剂。

096-1-蒲公英-花

096-2-蒲公英-叶

096-3-蒲公英-全株

096-4-蒲公英-果枝

冷 蒿

Artemisia frigida Willd.

别名 小白蒿、串地蒿、兔毛蒿、刚蒿、寒地蒿。

形态特征 小半灌木。茎丛生，高40～70cm，全体被绢毛，呈灰白色。茎下部叶与营养枝叶长圆形，二至三回羽状全裂，小裂片条状披针形；中部叶长圆形或倒卵状长圆形，一至二回羽状全裂；上部叶与苞叶羽状全裂或3～5裂。头状花序半球形，直径2～3mm，多数在茎上排列成狭长的总状花序或复总状花序。总苞片3～4层，花序托有毛；边花雌性。管状，两性花管状，瘦果长圆形，长约1mm。

细胞染色体 2n=18。

地理分布 分布在中国东北、华北、西北等地；蒙古、土耳其、伊朗、俄罗斯和美洲也有。冷蒿是广布旱生植物，在甘肃的典型草原、荒漠草原、高寒草甸及干旱与半干旱地区的山坡、路旁、砾质旷地、固定沙丘、戈壁、高山草甸等地区都有，常构成山地干旱与半干旱地区植物群落的建群种或主要伴生种。其适应性较强，在甘肃分布面积广。

饲用价值 冷蒿是草原和荒漠草原地带放牧场上优良的饲用小半灌木。牧民对其评价极高，被认为是抓膘、保膘与催乳的植物之一，生长冷蒿之多少成为选择草场的条件之一。适口性好，羊及马四季均喜食，而极喜食其营养枝及生殖枝。秋季可食率达80%以上，采食后尚有驱虫之效。产羔母羊采食后，下奶快而多，羔羊健壮。牛亦喜食，牧民认为，牛食后上膘快。夏季适口性降低至中等，家畜主要采食其生殖枝。冷蒿对冬季家畜尤其产羔母畜的放牧具有很大价值，在霜冻之后或冬季内，营养枝尚保存良好，柔软而多汁，保持其原有色泽，因此家畜，特别是绵羊、马极喜采食。骆驼终年喜食。干草也为家畜所喜食。冷蒿早春萌发早，其地上部分全部可食，但此时生长矮小，因而家畜采食不多，5—6月枝叶逐渐长大而繁盛，家畜喜食，7月具有花序的枝条迅速生长，并部分开花，此时具有较浓的气味，因而可食性又下降，家畜仅采食其铺地上的茎叶，以及具有花序的枝条上部。9月以后结实，浓味减少，家畜又喜食。

冷蒿具有较高的营养价值。据分析，粗蛋白质及无氮浸出物的含量较多，粗蛋白质以生长初期及分枝期最高，以后逐渐降低，至冬季状态为最低。无氮浸出物在各发育期内变动的幅度不大，至秋冬仍保持很高的含量。胡萝卜素，分枝期达70.75mg/kg。冷蒿耐旱能力甚强，适生于沙地上，其枝与地面接触易生不定根而形成新的植株，可在固定沙地上大量封育，以提高其覆盖度，增加利用价值。由于品质优良，特别是适口性极高，可引入栽培试验。但其种子甚小，千粒重0.1g，且收集种子亦较困难，应掌握好收种季节，注意种子的清选，作为补播及固沙之用。

097-1-冷蒿-叶

097-2-冷蒿-果枝

097-3-冷蒿-花序

097-4-冷蒿-全株

沙 蒿

Artemisia desertorum Spreng.

别名 漠蒿、青沙蒿、薄蒿、草蒿、荒地蒿、荒漠蒿。

形态特征 多年生草本。主根明显，木质或半木质，侧根少数；根状茎稍粗，短，半木质，直径4~10mm，有短的营养枝。茎单生或少数，高30~70cm，具细纵棱；上部分枝，枝短或长，斜贴向茎端；茎、枝幼时被微柔毛，后渐脱落无毛。叶纸质，上面无毛，背面初时被薄绒毛，后无毛；茎下部叶与营养枝叶长圆形或长卵形，长2~5cm，宽1.5~4.5cm，二回羽状全裂或深裂，每侧有裂片2~3枚，裂片椭圆形或长圆形，长1~2cm，宽0.3~0.6cm，每裂片常再3~5深裂或浅裂，小裂片线形、线状披针形或长椭圆形，长0.5~1.5cm，宽1~1.5mm，叶柄长1~3cm，除基生叶外，叶柄基部有线形、半抱茎的假托叶；中部叶略小，长卵形或长圆形，一至二回羽状深裂，基部宽楔形，叶柄短，具小型、半抱茎的假托叶；上部叶3~5深裂，基部有小型的假托叶；苞片叶3深裂或不分裂，线状披针形或线形，基部假托叶小。头状花序多数，卵球形或近球形，直径2.5~3mm，有短梗或近无梗，基部有小苞叶，在分枝上排成穗状花序式的总状花序或复总状花序，而在茎上组成狭而长的扫帚形的圆锥花序；总苞片3~4层，外层总苞片略小，卵形；中层总苞片长卵形；外、中层总苞片背面深绿色或带紫色，初时微有薄毛，后脱落无毛，边白色，膜质，内层总苞片长卵形，半膜质，背面无毛；雌花4~8朵，花冠狭圆锥状或狭管状，檐部具2（~3）裂齿，花柱长，伸出花冠外，先端2叉，叉端长锐尖；两性花5~10朵，不孕育，花冠管状，花药线形，先端附属物尖，长三角形，基部圆钝，花柱短，先端稍膨大，不叉开。瘦果倒卵形或长圆形，黑褐色。

细胞染色体 2n=36。

地理分布 朝鲜、日本、印度（北部）、巴基斯坦（北部）及俄罗斯（东部）也有。我国主要分布在黑龙江、吉林、辽宁、内蒙古、河北、山西、陕西、宁夏、甘肃、青海、新疆、四川、贵州、云南及西藏；华北、西北、东北分布在低海拔至海拔3 000m地区，西南省区分布在海拔3 000~4 000m地区；在甘肃全省大部分地区均有分布，多生于草原、草甸、森林草原、高山草原、荒坡、砾质坡地、干河谷、河岸边、林缘及路旁等，局部地区成片生长，为草原地区植物群落的主要伴生种。

饲用价值 适口性较好，属于中上等饲用植物，其蒿香味较为淡薄、茎秆较柔软，四季均为山羊、绵羊、马、牛、驴、骆驼等喜食。沙蒿冬季返青早，枯黄晚，是秋季羊等动物抓膘的好饲料。沙蒿除饲用外，还具有重要的环境价值。可做优良的固沙和水土保持植物。在黄土丘陵、低山坡干旱区，是较好的保水和防治水土流失的植被。

098-1-沙蒿-叶

098-2-沙蒿-花枝

098-3-沙蒿-群落

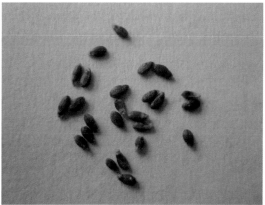

098-4-沙蒿-种子

臭 蒿

Artemisia hedinii Ostenf. *et* Pauls.

别名 海定蒿，牛尾蒿。

形态特征 一年生草本；植株有浓烈臭味。根单一、垂直。茎单生，稀少数，高15～60（100）cm，细，有时稍粗。基部粗达0.6cm，紫红色，具纵棱，不分枝或具着生头状花序的分枝，枝长4～8cm；茎、枝无毛或疏被短腺毛状短柔毛。叶绿色，背面微被腺毛状短柔毛；基生叶多数，密集成莲座状，长椭圆形，长10～14cm，宽2～3.5cm，二回栉齿状羽状分裂，每侧有裂片20余枚，裂片长1～1.5cm，宽0.5～1cm，再次羽状深裂或全裂，小裂片具多枚栉齿，栉齿细小，短披针形或长三角形，长2～3mm，宽0.2～1mm，齿尖细长，锐尖，叶柄短或近无叶柄；茎下部与中部叶长椭圆形，长6～12cm，宽2～4cm，二回栉齿状羽状分裂，第一回全裂，每侧裂片5～10枚，裂片长圆形或线状披针形，长0.3～1.5cm，宽2～4mm，每裂片具多枚小裂片，小裂片两侧密被细小锐尖的栉齿，中轴与叶柄两侧均有少数栉齿，中肋白色，略隆起，下部叶柄长4～5cm，中部叶柄长1～2cm，基部稍平展，半抱茎，并有小型栉齿状分裂的假托叶；上部叶与苞片叶渐小，一回栉齿状羽状分裂。头状花序半球形或近球形，直径3～4（5）mm，在茎端及短的花序分枝上排成密穗状花序，并在茎上组成密集、狭窄的圆锥花序；总苞片3层，内、外层近等长，外层总苞片椭圆形或披针形，背面无毛或微有腺毛状的短柔毛，边缘紫褐色或深褐色，膜质，中、内层总苞片椭圆形或卵形，近膜质或膜质，无毛；花序托凸起，半球形；雌花3～8朵，花冠狭圆锥状或狭管状，檐部具2～3裂齿，花柱短，微伸出花冠外，先端稍叉开，叉端钝尖；两性花15～30朵，花冠管状，檐部紫红色，外面有腺点。瘦果长圆状倒卵形，纵纹稍明显。花果期7—10月。

地理分布 印度（北部）、巴基斯坦（北部）、尼泊尔、克什米尔地区、锡金及塔吉克共和国也有。我国主要在内蒙古（西南部）、甘肃、青海、新疆（南部）、四川（西部）、云南（西部）、西藏等省区；青海、西藏常见，多分布在海拔2 000～4 800（5 000）m地区。甘肃从中、低海拔到高海拔地区都有，生于湖边草地、河滩、砾质坡地、田边、路旁、林缘等。

饲用价值 臭蒿含有挥发性物质，气味浓并有难闻气味，适口性不佳，除少数动物在幼苗偶食外，成株家畜一般不采食，但在饲草缺乏时，如早春，有些家畜也偶尔采食。臭蒿分布广，耐旱性强，株体高大，可作为治沙、固土绿化及水体保持材料，臭蒿在青海、甘肃民间入药，有清热、解毒、凉血、消炎、除湿之效。此外，还用作杀虫药。

099-1-臭蒿-花序

099-2-臭蒿-全株

099-3-臭蒿-叶

099-4-臭蒿-种子

白 蒿

Artemisia leucophylla

别名 白叶蒿、白毛蒿、朝鲜艾、野艾蒿、苦蒿、菱蒿。

形态特征 多年生草本。主根稍明显，侧根多；根状茎稍粗，垂直或斜向上，直径3~8mm，常有营养枝。茎少数，常成丛，或单生，高40~70cm，有纵棱；上半部分枝，长3~8（10）cm，向上斜展；茎、枝微被蛛丝状柔毛。叶薄纸质或纸质，上面暗绿色或灰绿色，被密或疏的蛛丝状绒毛，并有稀疏白色腺点，背面密被灰白色蛛丝状绒毛；茎下部叶椭圆形或长卵形，长5~8cm，宽4~7cm，一至二回羽状深裂或全裂，每侧有裂片3（4）枚，裂片变化大，宽菱形、椭圆形或长圆形，每裂片再次羽状分裂，每侧具1~3枚小裂片或为浅裂齿，小裂片长0.5~1cm，宽4~5mm，边不反卷，叶柄长1~2cm，两侧偶有小型裂齿，基部具小型假托叶；中部与上部叶羽状全裂，每侧具裂片2~3（4）枚，裂片线状披针形、线形、椭圆状披针形或披针形，长1~1.5cm，宽2~3mm，无柄；苞片叶3~5全裂或不分裂，裂片或不分裂之苞片叶线状披针形或线形。头状花序宽卵形或长圆形，直径2.5~3.5（4）mm，无梗，基部常有小苞叶，在茎上部的分枝上每数枚成簇或单生，并排成密或疏松的穗状花序，而在茎上半部组成狭窄，且略密集的圆锥花序；总苞片3~4层，外层总苞片略短小，卵形或狭卵形，背面绿色或带紫红色，被蛛丝状毛，边膜质，中层总苞片椭圆形或倒卵形，先端钝，边宽膜质，背面微背蛛丝状柔毛，内层总苞片倒卵形，半膜质，背面近无毛；花序托小，凸起；雌花5~8朵，花冠狭管状，檐部具2~3枚裂齿，花柱长，伸出花冠外，先端2叉，叉端尖；两性花6~13朵，花冠管状，檐部及花冠上部红褐色，花药线形或披针形，先端附属物尖，长三角形，基部圆钝，花柱与花冠等长或略长于花冠，先端2叉，叉端扁，扇形，并有睫毛。瘦果倒卵形。花果期7—10月。

地理分布 蒙古、朝鲜及俄罗斯（西伯利亚西部）也有，我国产于黑龙江、吉林、辽宁、内蒙古、河北、山西、陕西、宁夏、甘肃、青海、新疆、四川（西部）、贵州、云南（西部）及西藏（东部）；西南省区分布在海拔3 000~4 000m地区，在甘肃省的中、低海拔地区均有分布，主要生于田边、路旁、山坡等地。

饲用价值 白蒿的营养嫩枝猪、牛、羊、马、骡子、驴等均喜食，其营养成分含量较高，是一种优质的饲用牧草。春秋季都是马、牛、羊育肥上膘的优质饲料。在冬天，其植株亦为家畜喜食，青贮及干草均为优质饲料。白蒿具有很好的饲用价值及水土保持价值，也具有一定的药用价值，入药，作"艾"（家艾）的代用品，有温气血、逐寒湿、止血、消炎的作用。科学、合理、有效地利用白蒿植物资源，对于提高黄土高原地区生态环境条件具有积极意义。

100-1-白蒿-叶

100-2-白蒿-群落

100-3-白蒿-花枝

100-4-白蒿-全株

油 蒿

Artemisia ordosica Krasch.

别名 黑沙蒿、沙蒿、籽蒿。

形态特征 半灌木。高50～70（100）cm，主茎不明显，多分枝。老枝外皮暗灰色或暗灰褐色，当年生枝条褐色至黑紫色，具纵条棱。叶稍肉质，一回或二回羽状全裂，裂片丝状条形，长1～3cm，宽0.3～1mm；茎上部叶较短小，3～5全裂或不裂，黄绿色。头状花序卵形，直径1.5～2.5mm，通常直立，具短梗及丝状条形苞叶，多数在枝端排列成开展的圆锥花序；总苞片3～4层，宽卵形，边缘膜质；边花雌性，能育；中央两性不育，花冠管状。瘦果小，长卵形或长椭圆形。

101-1-油蒿-花枝　　101-2-油蒿-茎

细胞染色体 2n=36。

地理分布 中国北方沙区分布甚广，自东经112°以西，从干草原原荒漠草原至草原化荒漠，3个自然亚地带的沙区均有成片分布。产于内蒙古、河北、陕西、山西、宁夏、甘肃。甘肃中部和西部河西地区有广泛分布，常见于荒漠与半荒漠地区、干草原与干旱的坡地上。

饲用价值 是马、牛、羊、骆驼等的重要饲草。是家畜冬春的的主要饲草，适宜放牧利用，刈割会抑制生殖枝形成，对提高适口性有一定的作用。也可与其他牧草混合或单独调制成青贮饲料，晒制干草或粉碎成粉。油蒿除饲用外，还可做优良的固沙植物，其根系粗长，茎木质，分枝多而长，耐沙压埋。种子含油率较高，约占干重的27.4%。是一种暗褐色碘值较高的不饱和脂肪酸，可制做油漆。也可入药，其根可止血；茎叶和花蕾有清热、祛风湿，拔脓之功能；种子利尿。

101-3-油蒿-果枝　　　101-4-油蒿-全株

铁杆蒿

Artemisia sacrorum Ledeb.

别名　万年蒿、白莲蒿。

形态特征　多年生草本。半灌木状，高30~100cm。茎直立，基部木质化，多分枝，暗紫红色，无毛或上部被短柔毛。茎下部叶在开花期枯萎；中部叶具柄，基部具假托叶，叶长卵形或长椭圆状卵形，长3~14cm，宽3~8cm，二至三回栉齿状羽状分裂，小裂片披针形或条状披针形，全缘或有锯齿，羽轴有栉齿，叶幼时两面被丝状短柔毛，后被疏毛或无毛，有腺点；上部叶小，一至二回栉齿状羽状分裂，头状花序多数，近球形或半球形，直径2~3.5mm，下垂，排列成复总状花序，总苞片3~4层，背面绿色，边缘宽膜质；缘花雌性，10~12枚；盘花两性，多数，管状；花托凸起，裸露。瘦果卵状椭圆形，长约1.5mm。

细胞染色体　2n=18。

地理分布　是适中温旱生半灌木，是干草原和草甸草原的重要组成植物。除高寒地区外，遍布全中国；日本、朝鲜、蒙古、阿富汗、印度、巴基斯坦、尼泊尔、俄罗斯、克什米尔地区也有。甘肃全省大部分地区均有分布，抗旱力较强，主要分布于低山丘陵，尤其是阳坡、半阳坡水分条件差的生境，土壤为灰褐土、栗钙土和淡灰褐土的地方生长尤其多。结实数量很大，种子繁殖力很强，根蘖也很发达，从母株不断长出新枝条。具有一定耐寒性。

饲用价值　适口性中等。羊、骆驼喜食，其次是马，牛多不采食。冬春季节马喜食。霜打后适口性有所提高。蛋白质含量高于禾本科牧草，纤维素含量较少，生长后期纤维素增加也不显著。含脂肪较高，是秋季家畜抓膘及春季恢复体膘的优良牧草。

102-1-铁杆蒿-叶

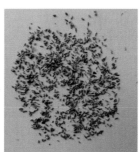
102-2-铁杆蒿-种子

102-3-铁杆蒿-花序

102-4-铁杆蒿-全株

风毛菊

Saussurea japonica（Thunb.）DC.

别名 日本风毛菊。

形态特征 风毛菊属二年生草本。高50～150cm，茎直立，粗壮，有纵沟棱，上部分枝，被短毛和腺点。基生叶和下部叶有长柄，长圆形或椭圆形，长20～30cm，宽3～5cm，羽状浅裂至深裂，裂片7～8对，顶生裂片长圆状披针形，侧裂片狭长圆形、长圆状披针形，两面被疏短毛和腺点；茎中部叶向上渐小，线形或线状披针形，羽状分裂全缘，无柄。头状花序多数，在茎枝端排列成密伞房状，直径1～1.5cm。总苞筒状钟形，长8～12mm，宽5～8mm，被疏蛛丝状毛；总苞片6层，外层短小，卵形，中层至内层线状披针形，先端有圆形膜质具小齿的附片，带紫红色；花冠紫色，长10～12mm。瘦果圆柱形，暗褐色，长3～4mm；冠毛淡褐色，外层短，糙毛状；内层羽毛状，长约8mm。

细胞染色体 2n=32。

地理分布 中生植物。朝鲜、日本也有分布。我国分布在北京、辽宁、河北、山西、内蒙古、陕西、甘肃、青海、河南、江西、湖北、湖南、安徽、山东、浙江、福建、广东、四川、云南、贵州、西藏等地。生于山坡、山谷、林下、山坡路旁、山坡灌丛、荒坡、水旁、田间地头等，海拔200～2 800m，在甘肃合水、镇原及陇中、甘南等地均有分布。

饲用价值 风毛菊为中等饲用植物。返青后及秋季马、牛、羊均喜食。适宜春秋季放牧利用。冬季叶量保存较好，羊、马均乐食。另外，风毛菊具有较高药用价值，用于祛风活血，散瘀止痛及跌打损伤等。

103-1-风毛菊-叶　　103-2-风毛菊-花　　103-3-风毛菊-嫩枝　　103-4-风毛菊-全株

长毛风毛菊

Saussurea hieracioides Hook. f.

形态特征　多年生草本，高5～35cm。根状茎密被干膜质褐色残叶柄。茎直立，密被白色长柔毛。基生叶莲座状，基部渐狭成具翼的短叶柄，叶片椭圆形或长椭圆状倒披针形，长4.5～15cm，宽2～3cm，顶端急尖或钝，边缘全缘或有不明显的稀疏的浅齿；茎生叶与基生叶同形或线状披针形或线形，无柄，全部叶质地薄，两面褐色或黄绿色，两面及边缘被稀疏的长柔毛。头状花序单生茎顶。总苞宽钟状，直径2～3.5cm；总苞片4～5层，

104-1-长毛风毛菊-叶

全部或边缘黑紫色，顶端长渐尖扩密被长柔毛，外层卵状披针形，长1cm，宽3mm，中层披针形，长1.3cm，宽2.5mm，内层狭披针形或线形，长2.5cm，宽2mm。小花紫色，长1.8cm，细管部长1cm，檐部长8mm。瘦果圆柱状，褐色，无毛，长2.5mm。冠毛淡褐色，2层，外层短，糙毛状，长2～3mm，内层长，羽毛状，长1.4cm。

细胞染色体　2n=32。

地理分布　尼泊尔、锡金地区也有分布。中国主要分布在甘肃、青海（互助、湟中、青海湖附近）、湖北、四川（甘孜一德格、阿坝）、云南（中甸、德钦）、西藏（察隅、错那、申扎）。生于高山碎石土坡、高山草坡，海拔4 450～5 200m。在甘肃主要分布在甘南、天祝等高海拔地区。

饲用价值　长毛风毛菊为中等饲用植物。青鲜时牛、羊、马均采食。绵羊喜食其花序，冬季干枯时叶片牛、羊、马均采食。长毛风毛菊具有药用价值，可治水肿及胸胁积液等症。

104-2-长毛风毛菊-花

104-3-长毛风毛菊-叶面柔毛

104-4-长毛风毛菊-全株

柳叶菜风毛菊

Saussurea epilobioides Maxim.

形态特征　多年生草本，高25~60cm。根状茎短。茎直立，不分枝，无毛，单生。基生叶花期脱落；下部及中部茎叶无柄，叶片线状长圆形，长8~10cm，宽1~2cm，顶端长渐尖，基部渐狭成深心形而半抱茎的小耳，边缘有真长尖头的深密齿，上面有短糙毛，下面有小腺点；上部茎叶小，与下部及中部茎叶同形，但渐小，基部无明显的小耳。头状花序多数，在茎端排成密集的伞房花序，有短花序梗。总苞钟状或卵状钟形，直径6~8mm；总苞片4~5层，外层宽卵形，顶端有黑绿色长钻状马刀形附属物，附属物反折或稍弯曲，中层长圆形，顶端有黑绿色钻状马刀形附属物，附属物反折或稍弯曲，内层长圆形或线状长圆形，顶端急尖或稍钝，全部总苞片几无毛。小花紫色，长1~1.1cm。瘦果圆柱状，无毛，长3~4mm。冠毛污白色，2层，外层短，糙毛状，内层长，羽毛状。

细胞染色体　2n=24。

地理分布　分布在甘肃、青海、宁夏（盐池县）、四川（康定）等地。在甘肃主要分布在甘南、兰州、皋兰山、兴隆山、天祝等地区。

饲用价值　柳叶菜风毛菊为低等饲用植物。叶及嫩枝牛、羊、马均偶尔采食，成株家畜采食率很低。晾晒成干草后可做牛、羊冬季饲料。

105-1-柳叶菜风毛菊-叶　　105-2-柳叶菜风毛菊-花　　105-3-柳叶菜风毛菊-全株　　105-4-柳叶菜风毛菊-群落

瑞苓草

Saussurea nigrescens Maxim.

别名　钝苞雪莲。

形态特征　多年生草本，高15～45cm。根状茎细。茎簇生或单生，直立，被稀疏的长柔毛或后变无毛，基部被残存的叶柄。基生叶有长或短柄，叶片线状披针形或线状长圆形，长8～15cm，宽约1cm，顶端急尖或渐尖，基部楔形渐狭，边缘有倒生细尖齿，两面被稀疏长柔毛或后变无毛；中部和上部茎叶渐小，无柄，顶端急尖或渐尖，基部半抱茎；最上部茎叶小，紫色，不包围总花序。头状花序有长小花梗，小花梗直立，长1.5～7cm，被稀疏长柔毛，头状花序1～6个，在茎顶成伞房状排列。总苞狭钟状，直径1～1.5cm；总苞片4～5层，干后黑褐色或深褐色，顶端钝或稍钝，外面被白色长柔毛，外层卵形，向内层渐长，披针形或线状披针形。小花紫色，长1.4cm。瘦果长圆形，长3mm。冠毛污白色或淡棕色，2层，外层短，糙毛状，内层长，羽毛状。

地理分布　分布陕西、甘肃和青海。在甘肃主要分布在天水、甘南等地，在海拔2 200～3 000m的高山草地、草坡及草甸较为常见。

饲用价值　为低等饲用植物，幼嫩时牛、羊、马均偶尔采食。冬季干枯时叶片牛、羊、马均喜食。瑞苓草具有一定药用价值，味辛苦，性凉，可活血调经，祛风除湿，清热明目。夏季采收，阴干入药。

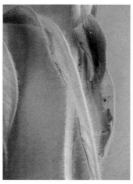

106-1-瑞苓草-花序　　106-2-瑞苓草-叶　　106-3-瑞苓草-茎叶上长柔毛　　106-4-瑞苓草-全株

细叶亚菊

Ajania tenuifolia（Jacq.）Tzvel.

107-1-细叶亚菊-叶

107-2-细叶亚菊-花序

107-3-细叶亚菊-叶面长柔毛

107-4-细叶亚菊-全株

别名 细叶菊艾。

形态特征 多年生草本，高9～20cm。根茎短，发出多数的地下匍茎和地上茎。匍茎上生稀疏的宽卵形浅褐色的苞鳞。茎自基部分枝，分枝弧形斜升或斜升。茎枝被短柔毛，上部及花序梗上的毛稠密。叶二回羽状分裂。全形半圆形或三角状卵形或扇形，长宽1～2cm，通常宽大于长。一回侧裂片2～3对。末回裂片长椭圆形或倒披针形，宽0.5～2mm，顶端钝或圆。自中部向下或向上叶渐小。全部叶两面同色或几同色或稍异色。上面淡绿色，被稀疏的长柔毛，或稍白色或灰白色而被较多的毛，下面白色或灰白色，被稠密的顺向贴伏的长柔毛。叶柄长0.4～0.8cm。头状花序少数在茎顶排成直径2～3cm的伞房花序。总苞钟状，直径约4mm。总苞片4层，外层披针形，长2.5mm，中内层椭圆形至倒披针形，长3～4mm。仅外层被稀疏的短柔毛，其余无毛。全部苞片顶端钝，边缘宽膜质。膜质内缘棕褐色，膜质外缘无色透明。边缘雌花7～11个，细管状，花冠长2mm，顶端2～3齿裂。两性花冠状，长约3～4mm。全部花冠有腺点。

细胞染色体 2n=36，72。

地理分布 印度西北部也有分布。中国主要产于甘肃、四川、西藏及青海。在甘肃中部、西南部有较为广泛的分布，生于山坡草地，海拔2 000～4 580m，目前尚未有人工引种栽培。

饲用价值 适口性差。返青后及冬季时牛、羊部分采食。干草牛、羊、马均采食。细叶亚菊具有较高药用价值，味苦、性温而平，具有消散四肢肿胀、止鼻血的功效，茎枝治痈疖，肾病。

刺儿菜

Cirsium setosum（Willd.）MB.=*C.segetum* Bge.

别名 小蓟、大蓟、野红花、大刺儿菜。

形态特征 多年生草本。茎直立，高30～80（100～120）cm，基部直径3～5mm，有时可达1cm，上部有分枝，花序分枝无毛或有薄绒毛。基生叶和中部茎叶椭圆形、长椭圆形或椭圆状倒披针形，顶端钝或圆形，基部楔形，有时有极短的叶柄，通常无叶柄，长7～15cm，宽1.5～10cm，上部茎叶渐小，椭圆形或披针形或线状披针形，或全部茎叶不分裂，叶缘有细密的针刺，针刺紧贴叶缘。或叶缘有刺齿，齿顶针刺大小不等，针刺长达3.5mm，或大部茎叶羽状浅裂或半裂或边缘粗大圆锯齿，裂片或锯齿斜三角形，顶端钝，齿顶及裂片顶端有较长的针刺，齿缘及裂片边缘的针刺较短且贴伏。全部茎叶两面同色，绿色或下面色淡，两面无毛，极少两面异色，上面绿色，无毛，下面被稀疏或稠密的绒毛而呈现灰色的，亦极少两面同色，灰绿色，两面被薄绒毛。头状花序单生茎端，或植株含少数或多数头状花序在茎枝顶端排成伞房花序。总苞卵形、长卵形或卵圆形，直径1.5～2cm。总苞片约6层，覆瓦状排列，向内层渐长，外层与中层宽1.5～2mm，包括顶端针刺长5～8mm；内层及最内层长椭圆形至线形，长1.1～2cm，宽1～1.8mm；中外层苞片顶端有长不足0.5mm的短针刺，内层及最内层渐尖，膜质，短针刺。小花紫红色或白色，雌花花冠长2.4cm，檐部长6mm，细管部细丝状，长18mm，两性花花冠长1.8cm，檐部长6mm，细管部细丝状，长1.2mm。瘦果淡黄色，椭圆形或偏斜椭圆形，压扁，长3mm，宽1.5mm，顶端斜截形。冠毛污白色，多层，整体脱落；冠毛刚毛长羽毛状，长3.5cm，顶端渐细。

细胞染色体 2n=34。

地理分布 欧洲东部、中部、俄罗斯东、西西伯利亚及远东、蒙古、朝鲜、日本广有分布。中国除西藏、云南、广东、广西外，几遍全国各地。刺儿菜为中生植物，适应性很强，在甘肃的广大丘陵和山地的山坡、河旁、荒地、田间、路边均常见。

饲用价值 幼嫩时期羊、猪喜食，牛、马较少采食。植株秋后仍保持绿色，仍可用以喂猪。刺儿菜成株有硬刺，茎秆木质化后粗硬，利用期为5—7月。早期供放牧，或带根采回，去掉泥土，径切碎生饲喂猪或做青贮料，开花前后植株，割取晒干后，可供冬春制粉喂猪。另外刺儿菜秋季蜜源植物。带花全草或根茎均为药材。此外，刺儿菜的嫩苗可做野菜食用。

108-1-刺儿菜-叶

108-2-刺儿菜-花

108-3-刺儿菜-全株

108-4-刺儿菜-群落

葵花大蓟

Cirsium souliei（Franch.）Mattf.

别名　聚头蓟。

形态特征　多年生铺散草本。主根粗壮，直伸，生多数须根。茎基粗厚，无主茎，顶生多数或少数头状花序，外围以多数密集排列的莲座状叶丛。全部叶基生，莲座状，长椭圆形、椭圆状披针形或倒披针形，羽状浅裂、半裂、深裂至几全裂，长8～21cm，宽2～6cm，有长1.5～4cm的叶柄，两面同色，绿色，下面色淡，沿脉有多细胞长节毛；侧裂片7～11对，中部侧裂片较大，向上向下的侧裂片渐小，有时基部侧裂片为针刺状，除基部侧裂片为针刺状的以外，全部侧片卵状披针形、偏斜卵状披针形、半椭圆形或宽三角形，边缘有针刺或大小不等的三角形刺齿而齿顶有针刺一，全部针刺长2～5mm。花序梗上的叶小，苞叶状，边缘针刺或浅刺齿裂。头状花序多数或少数集生于茎基顶端的莲座状叶丛中，花序梗极短（长5～8mm）或几无花序梗。总苞宽钟状，无毛。总苞片3～5层，镊合状排列，或至少不呈明显的覆瓦状排列，近等长，中外层长三角状披针形或钻状披针形，包括顶端针刺长1.8～2.3cm，不包括边缘针刺宽1～2mm；内层及最内层披针形，长达2.5cm，顶端渐尖成长达5mm的针刺或膜质渐尖而无针刺，全部苞片边缘有针刺，针刺斜升或贴伏，长2～3mm，或最内层边缘有刺痕而不形成明显的针刺。小花紫红色，花冠长2.1cm，檐部长8mm，不等5浅裂，细管部长1.3cm。瘦果浅黑色，长椭圆状倒圆锥形，稍压扁，长5mm，宽2mm，顶端截形。冠毛白色或污白色或稍带浅褐色；冠毛刚毛多层，基部连合成环，整体脱落，向顶端渐细，长羽毛状，长达2cm。

109-1-葵花大蓟-叶

109-2-葵花大蓟-小花

109-3-葵花大蓟-花冠

109-4-葵花大蓟-全株

地理分布　分布在甘肃、青海、四川、西藏。生于山坡路旁、林缘、荒地、河滩地、田间、水旁潮湿地，海拔1 930～4 800m。在甘肃中部、河西及甘南均有分布。

饲用价值　葵花大蓟适口性差，幼嫩时绵羊、山羊部分采食，秋季与冬季骆驼采食其花序。因植株粗硬，茎叶叶缘具长刺，故饲用价值低，为低等饲用植物。葵花大蓟全草均可入药。具有凉血止血、消肿止痛的功效。

麻花头

Serratula centauroides L.

别名 菠叶麻花头、草地麻花头、菠菜帘子花儿柴。

形态特征 麻花头属多年生草本。茎直立，高40~80cm，具纵沟棱，不分枝或上部少分枝，基部带紫红色，有褐色枯叶柄纤维，中部以下被节毛。基生叶与茎下部叶长椭圆形，长8~12cm，宽2~5cm，羽状深裂，有长3~9cm的叶柄；侧裂片5~8对，全部裂片长椭圆形至宽线形，中部叶及上部叶羽状深裂，无柄，全部叶两面粗糙，两面

110-1-麻花头-叶

被多或少的节毛，头状花序少数，单生茎枝顶端，花梗较长，总苞卵形，直径2~3cm，上部收缩，总苞片5~10层，有毛，管状花紫红色，长20~25mm，瘦果倒圆锥形，长约6mm，淡褐色，冠毛淡黄色。

地理分布 蒙古、俄罗斯远东地区也有分布，我国主要分布在东北、华北及陕西、甘肃等省。甘肃全省绝大部分地区均有分布。主要生长在山坡、草地、路旁、河床砂地，散生于林缘草地及亚高山草甸中。

饲用价值 麻花头为中等饲用植物。早春返青后的基生叶片，牛、马、羊均喜食。随着植株的生长，其适口性逐渐下降，到夏季放牧时家畜基本不采食。秋季刈割调制干草后，各种家畜均喜食。冬季放牧时各种家畜均采食。麻花头的根在我国两广地区就一直被用作中药升麻的代用品，具有很好的药用价值。此外，由于麻花头的花大美丽，可作观赏植物，引种栽培。

110-2-麻花头-花

110-3-麻花头-全株

110-4-麻花头-群落

黄帚橐吾

Ligularia virgaurea（Maxim.）Mattf

别名　日侯（青海藏族名）、嘎和（四川藏族名）。

形态特征　多年生灰绿色草本。根肉质，多数，簇生。茎直立，高15～80cm，光滑，基部直径2～9mm，被厚密的褐色枯叶柄纤维包围。丛生叶和茎基部叶具柄，柄长达21.5cm，全部或上半部具翅，翅全缘或有齿，宽窄不等，光滑，基部具鞘，紫红色，叶片卵形、椭圆形或长圆状披针形，长3～15cm，宽1.3～11cm，先端钝或急尖，全缘至有齿，边缘有时略反卷，基部楔形，有时近平截，突然狭缩，下延成翅柄，两面光滑，叶脉羽状或有时近平行；茎生叶小，无柄，卵形、卵状披针形至线形，长于节间，稀上部者较短，先端急尖至渐尖，常筒状抱茎。总状花序长4.5～22cm，密集或上部密集，下部疏离；苞片线状披针形至线形，长达6cm，向上渐短；花序梗长3～10（20）mm，被白色蛛丝状柔毛；头状花序辐射状，常多数，稀单生；小苞片丝状；总苞陀螺形或杯状，长7～10mm，一般宽6～9mm，稀在单生头状花序较宽，总苞片10～14，2层，长圆形或狭披针形，宽1.5～5mm，先端钝至渐尖而呈尾状，背部光滑或幼时有毛，具宽或窄的膜质边缘。舌状花5～14，黄色，舌片线形，长8～22mm，宽1.5～2.5mm，先端急尖，管部长约4mm；管状花多数，长7～8mm，管部长约3mm，檐部楔形，窄狭，冠毛白色与花冠等长。瘦果长圆形，长约5mm，光滑。花果期7—9月。

地理分布　尼泊尔至不丹也有分布。我国主要分布在西藏东北部、云南西北部、四川、青海、甘肃。在甘肃主要生于海拔2 600～4 700m的河滩、沼泽草甸、阴坡湿地、灌丛及高寒草地。

饲用价值　黄帚橐吾由于其营养生长器官如根、茎等均含有毒的白色乳液，是高寒草甸常见的一种毒杂草，其在高寒牧区分布极广，在利用过度的退化草场，生长尤为茂盛。因此，在干扰较大的退化草场中，形成明显的优势种群，被认为是草地植被退化程度的指示物种。黄帚橐吾一般家畜不采食，被家畜误食后会中毒，同时，黄帚橐吾凭借自身的须根和根状茎，能从周围环境中摄取充足的水分和养分，造成群落中其他植物生长呈亚健康状态，进而加速草地退化的进程。近年来，该物种在高寒草甸过度放牧生境中的大量扩散已经造成严重的经济损失与生态问题。

111-1-黄帚橐吾-叶子

111-2-黄帚橐吾-全株

111-3-黄帚橐吾-群落

111-4-黄帚橐吾-种子

箭叶橐吾

Ligularia sagitta（Maxim.）Maettf

112-1-箭叶橐吾-叶

112-2-箭叶橐吾-花序

112-3-箭叶橐吾-全株

112-4-箭叶橐吾-群落

形态特征 多年生草本。根肉质，细而多。茎直立，高25～70cm，光滑或上部及花序被白色蛛丝状毛，后脱毛，基部直径达1cm，被枯叶柄纤维包围。丛生叶与茎下部叶具柄，柄长4～18cm，具狭翅，翅全缘或有齿，被白色蛛丝状毛，基部鞘状，叶片箭形、戟形或长圆状箭形，长2～20cm，基部宽1.5～20cm，先端钝或急尖，边缘具小齿，基部弯缺宽，长为叶片的1/3～1/4，两侧裂片开展或否，外缘常有大齿，上面光滑，下面有白色蛛丝状毛或脱毛，叶脉羽状；茎中部叶具短柄，鞘状抱茎，叶片箭形或卵形，较小；最上部叶披针形至狭披针形，苞叶状。总状花序长6.5～40cm；苞片狭披针形或卵状披针形，长6～15mm，宽至7mm，稀较长而宽，长达6.5cm，先端尾状渐尖；花序梗长5～70mm；头状花序多数，辐射状；小苞片线形；总苞钟形或狭钟形，长7～10mm，宽4～8mm，总苞片7～10，2层，长圆形或披针形，先端急尖或渐尖，背部光滑，内层边缘膜质。舌状花5～9，黄色，舌片长圆形，长7～12mm，宽约3mm，先端钝，管部长约5mm；管状花多数，长7～8mm，檐部伸出总苞之外，管部长3～4mm，冠毛白色与花冠等长。瘦果长圆形，长2.5～5mm，光滑。

地理分布 主要分布在西藏、四川、青海、甘肃、宁夏、陕西、山西、河北、内蒙古。在甘肃主要生于甘南、祁连山等高海拔的草原及灌丛。

饲用价值 箭叶橐吾是一种毒杂草，是草地植被退化程度的指示物种。家畜一般不采食，是青藏高原高寒草甸退化草地中常见的优势毒杂草，其快速繁殖与扩散已严重危害了当地牧民的生活，改变了植物群落的结构，影响了草地的可持续利用。此外，箭叶橐吾是藏药，具有一定的药用价值。

火绒草

Leontopodium leontopodioides（Wild.）Beauv.

别名　大头毛香、火绒蒿、老头草、老头艾、薄雪草。

形态特征　火绒草属多年生草本。花茎直立，高5～45cm，被灰白色长柔毛或白色近绢状毛，不分枝或有时上部有伞房状或近总状花序枝，下部叶在花期枯萎宿存。叶直立，在花后有时开展，线形或线状披针形，长2～4.5cm，宽0.2～0.5cm，无鞘，无柄，上面灰绿色，被柔毛，下面被白色或灰白色密绵毛或有时被绢毛。苞叶少数，较上部叶稍短，常

113-1-火绒草-花

较宽，长圆形或线形。头状花序大，3～7个密集，稀1个或较多，在雌株常有较长的花序梗而排列成伞房状。小花雌雄异株，稀同株；雄花花冠长3.5mm，狭漏斗状，有小裂片；雌花花冠丝状，花后生长，长约4.5～5mm。冠毛白色；雄花冠毛不或稀稍粗厚，有锯齿或毛状齿；雌花冠毛细丝状，有微齿。不育的子房无毛或有乳头状突起。瘦果有乳头状突起或密粗毛。

地理分布　分布在蒙古、朝鲜、日本和俄罗斯西伯利亚。我国广泛分布在新疆东部、青海东部和北部、甘肃、陕西北部、山西、内蒙古南部和北部、河北、辽宁、吉林、黑龙江以及山东半岛。在甘肃的黄土坡地、干旱草原等地极常见。

饲用价值　在草群中出现较多，为低等饲用植物，适口性较差，幼嫩时家畜偶食，秋后适口性有所提高，马羊喜食，牛乐食。火绒草可药用，野生资源极为丰富，抗旱性强，在黄土高原具有一定生态价值。

113-2-火绒草-花序

113-3-火绒草-茎枝

113-4-火绒草-全株

乳白香青

Anaphalis lactea Maxim.

别名 大矛香艾、大白矛香。

形态特征 多年生草本，茎丛生，直立，高10～40cm，稍粗壮，不分枝，草质，被白色或灰白色棉毛，下部有较密的叶。莲座状叶披针状或匙状长圆形，长6～13cm，宽0.5～2cm，下部渐狭成具翅而基部鞘状的长柄；茎下部叶较莲座状常稍小，边缘平，顶端尖或急尖，有或无小尖头；中部及上部叶直立或依附于茎上，长椭圆形，线状披针形或线形，长2～10cm，宽0.8～1.3cm，基

114-1-乳白香青-叶

部稍狭，沿茎下延成狭翅，顶端渐尖，有枯焦状长尖头；全部叶被白色或灰白色密棉毛，有离基3出脉或1脉。头状花序多数，在茎和枝端密集成复伞房状，花序梗长2～4mm。总苞钟状，长6mm，稀5或7mm，径5～7mm；总苞片4～5层，外层卵圆形，长约3mm，浅或深褐色，被蛛丝状毛；内层卵状长圆形，长约6mm，宽2～2.5mm，乳白色，顶端圆形；最内层狭长圆形，长5mm，有长约全长三分之二的爪部。花托有缝状短毛。雌株头状花序有多层雌花，中央有2～3个雄花；雄株头状花序全部有雄花。花冠长3～4mm。冠毛较花冠稍长；雄花冠毛上部宽扁，有锯齿。瘦果圆柱形，长约1mm，近无毛。

地理分布 为中国的特有植物。分布在中国大陆的甘肃、青海、四川等地。在甘肃主要分布在甘肃南部的甘南、夏河及榆中、肃南、天祝等地。生长于海拔2 000～3 400m的地区，多生于低山草地、亚高山及高寒草地，目前尚未有人工引种栽培。

饲用价值 乳白香青适口性较差，饲用价值不高，为低等饲用植物，成株家畜很少采食，嫩小枝秋后马、牛、羊偶尔采食。其在民间为草药，全草入药，有活血散瘀，平肝潜阳，祛痰及外用止血之功效。

114-2-乳白香青-花序

114-3-乳白香青-叶上棉毛

114-4-乳白香青-全株

牛　蒡

Arctium lappa L.

别名　大力子、毛然然子、牛蒡子、鼠粘子、黑风子、毛锥子、恶实、万把钩。

形态特征　二年生草本。肉质根长达15cm，茎直立，粗壮，高1~2m，具纵条纹，带紫色，有乳突状短毛，上部多分枝。基生叶丛生；茎生叶互生，宽卵形或浅心形，长40~50cm，宽30~40cm，先端圆钝，基部心形，全缘、浅波状或有齿尖，上面绿色，下面密被灰白色绒毛，有柄；上部叶渐变小。头状花序多数或少数排成伞房状；总苞卵球形，总苞片顶端呈钩刺状；管状花红紫色。瘦果，椭圆形或倒长卵形，浅褐色；冠毛短，刚毛状。

细胞染色体　2n=36。

地理分布　欧洲、亚洲各国也有分布，在中国各地广泛分布，也有栽培；甘肃陇东、陇中分布较为广泛。

饲用价值　开花前，家畜一般不采食。幼苗期，嫩枝叶是猪的好饲料，家兔也喜食；籽实含有大量的蛋白质和油脂，是很好的精饲料，各种畜禽均喜食；其肉质根富含碳水化合物和蛋白质，经蒸煮加工，猪喜食。鲜叶中含丰富的粗蛋白质、粗脂肪和粗灰分含量也较高，粗纤维很少。其干茎叶成分略逊于鲜叶。籽实中含有15%~20%的粗脂肪和25%的粗蛋白质。整株中还含有0.03%的挥发油有一些牛蒡甙。如能设法清除其异味，必将大大提高饲用价值。牛蒡的能量价值偏低。但可消化粗蛋白质含量且较高。属于中等饲用植物，其植株高大，是一种高产饲用植物。牛蒡除作饲用外，其幼嫩的叶可作蔬菜。肉质根富含菊糖和蔗糖，亦可食用。利用牛蒡作青绿饲料，宜在叶丛期或返青期收取其嫩茎叶；如晒制干草或作青贮原料，宜在开花期以前收割，此时草质好，产草量高。如收获种子，宜在9—10月，籽实黄熟时收获。此外，牛蒡的根、茎、种子均可入药。

115-1-牛蒡-叶

115-2-牛蒡-花

115-3-牛蒡-全株

115-4-牛蒡-种子

一枝黄花

Solidago decurrens Lour.

别名 黄花草、一支枪、朝天一柱香、蛇头王、满山黄、百根草等。

形态特征 多年生草本，高（9）35~100cm。茎直立，通常细弱，单生或少数簇生，不分枝或中部以上有分枝。中部茎叶椭圆形，长椭圆形、卵形或宽披针形，长2~5cm，宽1~1.5（2）cm，下部楔形渐窄，有具翅的柄，仅中部以上边缘有细齿或全缘；向上叶渐小；下部叶与中部茎叶同形，有长2~4cm或更长的翅柄。全部叶质地较厚，叶两面、沿脉及叶缘

116-1-一枝黄花-叶

有短柔毛或下面无毛。头状花序较小，长6~8mm，宽6~9mm，多数在茎上部排列成紧密或疏松的长6~25cm的总状花序或伞房圆锥花序，少有排列成复头状花序的。总苞片4~6层，披针形或披狭针形，顶端急尖或渐尖，中内层长5~6mm。舌状花舌片椭圆形，长6mm。瘦果长3mm，无毛，极少有在顶端被稀疏柔毛的。

地理分布 主要分布于我国南方的江苏、浙江、安徽、江西、四川、贵州、湖南、湖北、广东、广西、云南及陕西南部、台湾等地。甘肃定西等地区作为药用植物有人工栽培。

饲用价值 一枝黄花可作为牛、羊、马、兔等的饲料。既可以利用它的嫩枝叶直接作为青饲料，也可加工制成草粉作青干草粗饲料，具有一定的饲用价值，但全草含皂苷，不易多食，容易引起动物麻痹及运动障碍。一枝黄花具有一定观赏性，可以作为秋季良好的蜜源植物。全草可入药。一枝黄花（*Solidago decurrens* Lour.）与加拿大一枝黄花（*Solidago canadensis* L.）是不同的种。一枝黄花为乡土植物。加拿大一枝黄花是外来生物，是恶性杂草。

116-2-一枝黄花-花序

116-3-一枝黄花-全株

116-4-一枝黄花-群落

四、莎草科

蔗草属

矮蔗草

嵩草属

粗壮嵩草
嵩草
线叶嵩草

苔草属

玛曲苔草
褐果苔草

矮薼草

Scirpus pumilus Vahl

形态特征 散生，匍匐根状茎细长。秆纤细，高5～15cm，干时具纵槽。叶半圆柱状，具槽，长0.7～1.6cm，极细；叶鞘棕色。花两性；小穗单生秆顶，倒卵形或椭圆形，长约4.5mm，宽2.5mm，少花。鳞片膜质，卵形或椭圆形，长2.5mm，1脉绿色，两侧黄褐色，边缘无色透明，最下部2鳞片内无花，有花鳞片稍大；下位刚毛不发达；雄蕊3，花药线状长圆形，药隔稍突出；花柱中等长，柱头3，细长，有乳头状小突起。小坚果长圆状倒卵形，三棱形，长约1.5mm。花果期5月。

地理分布 伊朗、中亚、俄罗斯西伯利亚、欧洲及北美洲有分布。我国主要产于内蒙古、河北、宁夏、甘肃、新疆、四川及西藏西部。在甘肃甘南高寒草地分布较多。

饲用价值 适口性一般，植株生物量低，幼期马、牛、羊乐食，冬季各种家畜都采食，成株纤维多，饲用价值降低。

117-1-矮薼草-花序

117-2-矮薼草-全株

117-3-矮薼草-茎秆

117-4-矮薼草-果实

粗壮嵩草

Kobresia robusta Maxim.

形态特征 多年生密丛型植物。株高10~60cm，叶基生，坚硬。花序成简单穗状，圆柱形，长2.8~8.0cm；小穗多数，顶生的雄性，侧生的雄雌顺序，鳞片大，长6~10mm，宽卵形；先出叶8~10mm，在腹面愈合达中部以上，2脊平滑；柱头3。小坚果，椭圆形，长5~7mm，有三棱。

地理分布 分布在中国的西藏、青海、甘肃等地。生于高山灌丛草甸、沙丘或河滩沙地，海拔2 900~5 300m。在甘肃主要分布在甘南的高寒草原及高寒沙化草地。

饲用价值 粗壮嵩草是嵩草属中较耐旱的一种植物，草质较粗糙，但粗蛋白质含量高（19.89%），粗脂肪也较高。牦牛、犏牛和马四季采食；马在幼嫩时采食，是高寒地区牦牛等的重要牧草之一。

118-1-粗壮嵩草-叶

118-2-粗壮嵩草-花序

118-3-粗壮嵩草-茎

118-4-粗壮嵩草-全株

嵩 草

Kobresia myosuroides（Villrs）Fiori

形态特征　多年生草本。根黑褐色须状，入土不深，秆细单生，圆柱状，直径1.5mm左右，株高30cm，有钝棱，基部入土部分成黑褐色。叶片针形，短于或等长于生殖枝，基部具褐色的老叶鞘。花序圆柱状，小穗单一顶生，长1~2.5cm，直径2~3mm，侧生枝小穗含雌、雄花各1朵，很少有2雄花；鳞片长2.8~4mm。小坚果倒卵形或长圆形，三棱形，有时为双凸状，长2~2.5mm，黄绿色，成熟后为暗灰褐色，有光泽，基部几无柄，顶端具短喙；花柱基部稍增粗，柱头3个，有时2个。花果期5—9月。

地理分布　分布在中国东北、华北、西北等地；蒙古、中亚也有分布。在甘肃甘南、天祝、肃南、肃北等海拔较高地区均有分布。

饲用价值　再生能力强，耐牧，株本小，适宜放牧利用。在土壤水肥条件较好时，分蘖能力较强，极易形成草皮，耐牧耐践踏，营养价值高，茎叶、花果各类家畜均喜食。嵩草主要分布在高海拔地区，夏季气候凉爽，无蚊蝇干扰，最适宜作羊、马的夏牧地。风干草在阉牛瘤胃中48h的消化率为60.31%，富含蛋白质，是高寒草甸地区生态和经济价值较高的饲用植物。

119-1-嵩草-叶　　119-2-嵩草-花序　　119-3-嵩草-茎秆　　119-4-嵩草-全株

线叶嵩草

Kobresia capillifolia（Decne.）C.B.Clarke

形态特征　多年生草本。根状茎密丛生，秆高15~40cm，纤细，基部具黑棕色老叶鞘。叶短于秆，柔软，丝状。简单穗状花序，条状圆柱形，长1~3.5cm。侧生枝小穗含1雌花及2~3朵雄花；鳞片圆状卵形或矩圆状披针形，长5~6mm，顶端钝，栗褐色，具宽的白色膜质边缘。小坚果狭椭圆形或圆形，长2~3mm，顶端具短喙或近无喙。

地理分布　阿富汗、哈萨克斯坦（中亚）、塔吉克斯坦（帕米尔）、吉尔吉斯斯坦（天山）、蒙古西部、巴基斯坦、尼泊尔、克什米尔地区也有分布。中国主要分布在四川、西藏、新疆、青海、甘肃等地；在甘肃甘南、天祝、肃南等高海拔地区有分布。

饲用价值　茎叶繁茂，柔软，草质细嫩，营养较丰富，

120-1-线叶嵩草-叶

120-2-线叶嵩草-花序

120-3-线叶嵩草-穗

120-4-线叶嵩草-全株

各种家畜喜食，马和绵羊特别喜食，是良好夏季放牧场。冬季枝叶残存较好，是牦牛喜食的牧草之一。家畜采食线叶嵩草上膘快，产的乳质好。花果期粗蛋白质含量达16.13%。线叶嵩草具有耐寒、耐旱、耐瘠薄和适口性强的特点，是青藏高原分布最广的牧草之一。在甘肃甘南、肃南是夏季或冬季的优良天然牧草。

玛曲苔草

Carex maquensis Y. C. Yang

形态特征　根状茎短。秆丛生，高20～35cm，宽1mm，纤细，锐三棱形，微粗糙，基部叶鞘无叶片，黑褐色。叶比秆短，宽1.2mm，线形，平张，边缘粗糙，先端渐尖。苞片基部的刚毛状，褐色，无鞘。小穗2～3个，顶生1个雄性，长圆形，长1～1.2cm，红褐色；侧生小穗雌性，宽卵形，长约7mm，黑褐色，无柄。雄花鳞片倒卵状长圆形，长约3mm，顶端圆形；雌花鳞片宽卵形，顶端急尖，黑褐色，背面具3脉。果囊与鳞片近等长，宽椭圆形，长约3mm，淡褐色，平滑，基部具短柄，顶端无喙，喙口平截，全缘。小坚果倒卵形，长约1.5mm；柱头2个。果期7月。

地理分布　产于甘肃，主要分布在海拔3 500m左右的甘南玛曲、碌曲等高寒草地、高山沼泽等。

饲用价值　玛曲苔草牛羊喜食，属良等牧草，返青早，幼嫩时期适口性好，是早春优良牧草，牛、马春季喜食，羊在整个生长季均喜食。但随着生长，草质变得粗糙，适口性降低。植株内钙的含量较高，再生速度非常快，耐牧性强，是高寒草地优良牧草。

121-1-玛曲苔草-叶

121-2-玛曲苔草-花序

121-3-玛曲苔草-全株

121-4-玛曲苔草-种子

褐果苔草

Carex brunnea Thunb.

别名 囊草、栗褐苔草。

形态特征 根状茎短，无地下匍匐茎。秆密丛生，细长，高40~70cm，锐三棱形，平滑，基部具较多叶。叶长于或短于秆，宽2~3mm，下部对折，向上渐成平展，两面及边缘均粗糙，具鞘；鞘短，一般不超过5cm，常在膜质部分开裂。苞片下面的叶状，上面的刚毛状，具鞘；鞘长7~20mm，褐绿色。小穗几个至十几个，常1~2个出自同一苞片鞘内，多数不分枝，排列稀疏，间距最长可达10cm，全部为雄雌顺序，雄花部分较雌花部分短很多，圆柱形，长1.5~3cm，具多数密生的花，具柄；柄下部的长，向上渐短。雄花鳞片卵形或狭卵形，长约3mm，顶端急尖，膜质，黄褐色，背面具1条脉；雌花鳞片卵形，长约2.5mm，顶端急尖或钝，无短尖，膜质，淡黄褐色，具褐色短条纹，背面具3条脉。果囊近于直立，长于鳞片，椭圆形或近圆形，扁平凸状，长约3~3.5mm，膜质，褐色，背面具9条细脉，两面均被白色短硬毛，基部急缩成短柄，顶端急狭成短喙，喙长不及1mm，顶端具二齿。小坚果紧包于果囊内，近圆形，扁双凸状，黄褐色，基部无柄；花柱基部稍增粗，柱头2个。

地理分布 分布在日本、朝鲜、越南、印度、菲律宾、澳大利亚、尼泊尔等地。中国江苏、浙江、福建、台湾、广东、广西、安徽、湖南、湖北、四川、云南、陕西、甘肃有分布。在甘肃生于山坡、山谷或灌木丛中、河边、路边的阴处或水边的阳处。在甘肃甘南、河西等地均有分布。

饲用价值 草质柔软，属良等牧草。营养物质含量高，适口性好，全株可食。在青鲜和干燥状态，羊、牛喜食，马也乐食。秋季返青也早，形成一定的产量。再生速度快，耐牧性强，但植株小，单株提供的产量小，适于作牛、羊的放牧场。喜生长于沙质地，也是良好的固沙植物。

122-1-褐果苔草-叶

122-2-褐果苔草-花序

122-3-褐果苔草-全株

122-4-褐果苔草-群落

五、蓼科

东北木蓼

Atraphaxis manshurica Kitag.

形态特征 灌木。高约1m，上部多分枝，树皮灰褐色。叶近无柄，倒披针形或条形，长1.5~3.0cm，宽3~12mm，先端锐尖或稍钝，基部渐狭呈楔形，全缘，托叶鞘筒状，膜质，顶端二裂。花序总状，顶生，苞片矩圆状卵形，膜质；花常2~4朵生于一苞片中；花梗关节在中上部；花被5片，粉红色，内轮3片在果期增大，宽椭圆形或卵状椭圆形，外轮2片较小，矩圆形。瘦果卵形，长3~4mm，有三棱，顶端尖，略有光泽。

123-1-东北木蓼-叶

地理分布 分布在中国辽宁西部、河北、内蒙古、宁夏、陕西、甘肃等地。生于沙丘、干旱砂质山坡及沙漠地带，在甘肃主要见于河西武威等地。

饲用价值 优良的饲用灌木。枝条较柔软，无刺，便于家畜采食，花期的干鲜重比1∶2.4，茎叶比1.08∶1。茎叶均无特殊气味，其适口性较好。骆驼喜吃嫩枝叶，冬、春季节采食其枝条；羊采食嫩枝叶。落叶后适口性降低。从化学成分看，是富含碳水化合物和脂肪较多的饲料，有利于家畜抓膘。生长期蛋白质含量偏低，是其不足之处。以可消化有机物质和能量介于优良干草和一般干草之间，同优良的秸秆相仿。生物价值颇高，9种必需氨基酸含量与精饲料中所含相近，甚至比小麦麸含量还高。从产草量看，在乌珠穆沁沙地年干草产量一般每公顷在150kg左右，一般为30kg左右，产量较低。属于中等饲用植物。也是优良固沙植物。

123-2-东北木蓼-花

123-3-东北木蓼-茎

123-4-东北木蓼-全株

沙木蓼

Atraphaxis bracteata A. Los.

别名 红豆秧子、荞麦柴、红心柴。

形态特征 灌木。高约50cm，老枝灰褐色，外皮常呈条状剥落，嫩枝淡褐色或灰黄色。叶卵形或宽椭圆形，先端尖，基部楔形，边缘呈波状皱曲，黄绿色；托叶鞘褐色。总状花序顶生或侧生，花粉红色，每2~3朵生于一褐色膜质的苞腋内；花被片5，2轮，内轮花被片5，2轮，内轮花被片果时为圆形或心形，长等于或小于宽。瘦果卵形，瘦果具3棱，暗褐色，略有光泽。

地理分布 蒙古也有分布。中国分布在内蒙古沙区，宁夏中、北部半荒漠地带，甘肃、青海及陕西等。在干草原带则生于沙地、沙丘等隐域性生境。在甘肃主要分布在肃南、武威等的流动沙丘低地及半固定沙丘。

124-1-沙木蓼-叶

124-2-沙木蓼-花

124-3-沙木蓼-枝条

124-4-沙木蓼-全株

饲用价值 中上等饲用植物。嫩枝叶富含蛋白质。夏、秋季为山羊、绵羊乐食，骆驼喜食，牛不喜食，马不吃；冬、春季骆驼乐食落叶后的枝梢。

珠芽蓼

Polygonum viviparum L.

别名 山谷子、猴娃七、山高粱、蝎子七、剪刀七、染布子。

形态特征 多年生草本。高10~40cm，须状茎肥厚，紫褐色。茎直立或斜升，不分枝，细弱，无毛，通常3~4，簇生于根状茎上。基生叶有长柄；叶长圆形或披针形，长3~12cm，宽8~25mm，革质，先端锐尖，基部圆形或楔形，边缘微向下卷；茎生叶有短柄或近无柄，披针形，较小；叶托鞘筒状，膜质。穗状花序顶生，圆柱形，长3~8cm，中下部生珠芽；花淡红色，花被五深裂。瘦果卵形，有三棱，深褐色，有光泽。

地理分布 朝鲜、日本、蒙古、印度、俄罗斯和北美均有分布。分布在中国吉林、内蒙古、新

125-1-珠芽蓼-叶

125-2-珠芽蓼-花序

125-3-珠芽蓼-全株

125-4-珠芽蓼-种子

疆、陕西、甘肃、青海、四川和西藏等地。甘肃甘南高寒草地、天祝、肃南、肃北等海拔较高的山顶草地、山坡林缘、河谷湿地均有分布。

饲用价值 茎叶青鲜时绵羊、山羊乐食，马、牛可食，骆驼不食。珠芽蓼是高山、亚高山草甸的主要植物成分之一，草质柔软，营养较好，特别是果实成熟后富含蛋白质，是家畜催肥抓膘的良质饲料。根状茎入药，可清热解毒，止血散瘀。

六、毛茛科

毛茛属
高原毛茛
翠雀属
翠雀
乌头属
露蕊乌头

银莲花属
小花草玉梅
钝裂银莲花
大火草
唐松草属
高山唐松草

高原毛茛

Ranunculus tanguticus（Maxim.）Ovcz.

形态特征 多年生草本。须根基部稍增厚呈纺锤形。茎直立或斜升，高10～30cm，多分枝，生白柔毛。基生叶多数，和下部叶均有生柔毛的长叶柄；叶片圆肾形或倒卵形，长及宽1～4（6）cm，3出复叶，小叶片2～3回3全裂或深、中裂，末回裂片披针形至线形，宽1～3mm，顶端稍尖，两面或下面贴生白柔毛；小叶柄短或近无。上部叶渐小，3～5全裂，裂片线形，宽约1mm，有短柄至无柄，基部具生柔毛的膜质宽鞘。花较多，单生于茎顶和分枝顶端，直径8～12（18）mm；花梗被白柔毛，在果期伸长；萼片椭圆形，长3～4（6）mm，生柔毛；花瓣5，倒卵圆形，长5～8mm，基部有窄长爪，蜜槽点状；花托圆柱形，长5～7mm，宽1.5～2.5mm，较平滑，常生细毛。聚合果长圆形，长6～8mm，约为宽的2倍；瘦果小而多，卵球形，较扁，长1.2～1.5mm，稍大于宽，约为厚的2倍，无毛，喙直伸或稍弯，长0.5～1mm。

地理分布 尼泊尔、印度北部也有分布。中国分布在甘肃、宁夏、青海、陕西、山西、四川、西藏、云南等省。在甘肃主要生于甘南及河西地区海拔3 000m以上的山坡或高山草甸。

饲用价值 饲用价值较低，牛羊极少采食。全草作药用，有清热解毒、杀虫止痒之效，治外感风热、咳嗽、咳痰、发热、咽炎、疥癣、牛皮癣、淋巴结核等症。

126-1-高原毛茛-花

126-2-高原毛茛-叶

126-3-高原毛茛-茎枝

126-4-高原毛茛-全株

翠 雀

Delphinium grandiflorum L.

127-1-翠雀-叶

127-2-翠雀-花

127-3-翠雀-全株

127-4-翠雀-群落

别名 鸽子花，百部草。

形态特征 茎高35～65cm，与叶柄均被反曲而贴伏的短柔毛，上部有时变无毛，等距地生叶，分枝。基生叶和茎下部叶有长柄；叶片圆五角形，长2.2～6cm，宽4～8.5cm，三全裂，中央全裂片近菱形，一至二回三裂近中脉，小裂片线状披针形至线形，宽0.6～2.5（3.5）mm，边缘干时稍反卷，侧全裂片扇形，不等二深裂近基部，两面疏被短柔毛或近无毛；叶柄长为叶片的3～4倍，基部具短鞘。总状花序有3～15花；下部苞片叶状，其他苞片线形；花梗长1.5～3.8cm，与轴密被贴伏的白色短柔毛；小苞片生花梗中部或上部，线形或丝形，长3.5～7mm；萼片紫蓝色，椭圆形或宽椭圆形，长1.2～1.8cm，外面有短柔毛，距钻形，长1.7～2（2.3）cm，直或末端稍向下弯曲；花瓣蓝色，无毛，顶端圆形；退化雄蕊蓝色，瓣片近圆形或宽倒卵形，顶端全缘或微凹，腹面中央有黄色髯毛；雄蕊无毛；心皮3，子房密被贴伏的短柔毛。蓇葖直，长1.4～1.9cm；种子倒卵状四面体形，长约2mm，沿棱有翅。5—10月开花。

地理分布 欧洲南部也有分布。我国分布在云南、山西、河北、宁夏、四川、甘肃、黑龙江、吉林、辽宁、新疆、西藏等地。在甘肃甘南、河西等地的山坡、草地、固定沙丘有分布。

饲用价值 饲用性低，家畜基本不采食。但在草地中具有重要生态价值，可形成大片群落。适宜布置花坛、花径，也可作切花。全草及种子可入药。全草煎水含漱（有毒勿咽），可治风热牙痛；全草煎浓汁，可以灭虱及杀虫。

露蕊乌头

Aconitum gymnandrum Maxim.

128-1-露蕊乌头-叶

别名 泽兰，罗贴巴。

形态特征 根一年生，近圆柱形，长5~14cm，粗1.5~4.5mm。茎高（6）25~55（100）cm，被疏或密的短柔毛，下部有时变无毛，等距地生叶，常分枝。基生叶1~3（6）枚，与最下部茎生叶通常在开花时枯萎；叶片宽卵形或三角状卵形，长3.5~6.4cm，宽4~5cm，三全裂，全裂片二至三回深裂，小裂片狭卵形至狭披针形，表面疏被短伏毛，背面沿脉疏被长柔毛或变无毛；下部叶柄长4~7cm，上部的叶柄渐变短，具狭鞘。总状花序有6~16花；基部苞片似叶，其他下部苞片三裂，中部以上苞片披针形至线形；花梗长1~5（9）cm；小苞片生花梗上部或顶部，叶状至线形，长0.5~1.5cm；萼片蓝紫色，少有白色，外面疏被柔毛，有较长爪，上萼片船形，高约1.8cm，爪长约1.4cm，侧萼片长1.5~1.8cm，瓣片与爪近等长；花瓣的瓣片宽6~8mm，疏被缘毛，距短，头状，疏被短毛；花丝疏被短毛；心皮6~13，子房有柔毛。蓇葖长0.8~1.2cm；种子倒卵球形，长约1.5mm，密生横狭翅。

地理分布 分布于我国西藏、四川西部、青海、甘肃等省。在甘肃主要生于甘南等海拔3 000m左右的高寒草地及河边砂地。

饲用价值 饲用价值不高，有毒，家畜基本不采食。全草供药用，治风湿等症。全草有毒，但在高寒草地具有重要生态价值。

128-2-露蕊乌头-花

128-3-露蕊乌头-全株

128-4-露蕊乌头-种子

小花草玉梅

Anemone rivularis Buch.-Ham. var. *flore-minore* Maxim.

别名　虎掌草、白花舌头草、汉虎掌。

形态特征　植株常粗壮，高42～125cm。根状茎木质，垂直或稍斜，粗0.8～1.4cm。基生叶3～5，有长柄；叶片肾状五角形，长（1.6）2.5～7.5cm，宽（2）4.5～14cm，三全裂，中全裂片宽菱形或菱状卵形，有时宽卵形，宽（0.7）2.2～7cm，苞片的深裂片通常不分裂，披针形至披针状线形；聚伞花序长（4）10～30cm，（1）2～3回分枝；花较小，直径11.8cm；萼片5（6），狭椭圆形或倒卵状狭椭圆形，长6～9mm，宽2.5～4mm。瘦果狭卵球形，稍扁，长7～8mm，宿存花柱钩状弯曲。

地理分布　分布于四川、青海、新疆、甘肃、宁夏、陕西、河南、山西、河北、内蒙古、辽宁等省。在甘肃主要分布在南部3 000m左右的甘南草原和中部的六盘山的林边或草坡。

饲用价值　饲用价值低，家畜基本不采食。根状茎和叶药用，治肝炎、喉炎、扁桃腺炎、痢疾、跌打损伤等症。全草可作土农药。

129-1-小花草玉梅-叶

129-2-小花草玉梅-花

129-3-小花草玉梅-全株

129-4-小花草玉梅-种子

钝裂银莲花

Anemone obtusiloba D. Don.

别名　素嘎哇。

形态特征　植株高10～30cm。基生叶7～15，有长柄，多少密被短柔毛；叶片肾状五角形或宽卵形，长1.2～3cm，宽1.7～5.5cm，基部心形，三全裂或偶而三裂近基部，中全裂片菱状倒卵形，二回浅裂，侧全裂片与中全裂片近等大或稍小，各回裂片互相多少邻接或稍覆压，脉近平；叶柄3～18cm。花葶2～5，有开展的柔毛；苞片3，无柄，稍不等大，宽菱形或楔形，常三深裂，长1～2cm，多少密被柔毛；花梗1～2，长1.5～8cm；萼片5（8），白色，蓝色或黄色，倒卵形或狭倒卵形，长0.8～1.2cm，宽5～8mm，外面有疏毛；雄蕊长约4mm，花药椭圆形；心皮约8，子房密被柔毛。5—7月开花。

地理分布　尼泊尔、锡金、不丹、印度北部也有分布。主要生于海拔较高的高山草地或灌丛边，在我国分布在西藏、四川和甘肃。甘肃主要生于海拔较高的甘南草原。

饲用价值　适口性很低，在幼嫩时牦牛少量采食。全草药用，有止血、补血、散寒、消积之功效。也可用于病后体温不足、关节积黄水、慢性气管炎、末梢神经麻痹等。

130-1-钝裂银莲花-叶

130-2-钝裂银莲花-花

130-3-钝裂银莲花-叶柄

130-4-钝裂银莲花-种子

大火草

Anemone tomentosa（Maxim.）Pei

别名　野棉花、白头翁、山棉花、大头翁。

形态特征　植株高40~150cm。根状茎粗0.5~1.8cm。基生叶3~4，有长柄，为三出复叶，有时有1~2叶为单叶；中央小叶有长柄（长5.2~7.5cm），小叶片卵形至三角状卵形，长9~16cm，宽7~12cm，顶端急尖，基部浅心形、心形或圆形，三浅裂至三深裂，边缘有不规则小裂片和锯齿，表面有糙伏毛，背面密被白色绒毛，侧生小叶稍斜，叶柄长（6）16~48cm，与花葶都密被白色或淡黄色短绒毛。花葶粗3~9mm；聚伞花序长26~38cm，2~3回分枝；苞片3，与基生叶相似，不等大，有时1个为单叶，三深裂；花梗长3.5~6.8cm，有短绒毛；萼片5，淡粉红色或白色，倒卵形、宽倒卵形或宽椭圆形，长1.5~2.2cm，宽1~2cm，背面有短绒毛，雄蕊长约为萼片长度的1/4；心皮400~500，长约1mm，子房密被绒毛，柱头斜，无毛。聚合果球形，直径约1cm；瘦果长约3mm，有细柄，密被绵毛。7—10月开花。

地理分布　分布在四川西部和东北部、青海东部、甘肃、陕西、湖北西部、河南西部、山西、河北西部。在甘肃中东部的黄土高原山区、北部及南部的大部分地区均有广泛分布，主要生长于山地草坡或路边向阳处。

饲用价值　适口性差，饲用价值低，幼苗时牛偶食，成株家畜基本不采食。根状茎供药用，治劳伤咳喘，痢疾等症，也可作小儿驱虫药。茎含纤维，脱胶后可搓绳；种子可榨油，含油率为15%左右，种子毛可作填充物，救生衣等。同时也是园林植物，该种适应性强，聚伞花序淡粉红色或白色素雅大方，可用来美化环境。适于林缘、草坡、草坪上大面积种植。

131-1-大火草-叶正面　　131-2-大火草-叶背面　　131-3-大火草-花　　131-4-大火草-全株

高山唐松草

Thalictrum alpinum L.

别名 草岩连、亮星草、马尾黄连、披麻草、大痄药等。

形态特征 多年生小草本，全部无毛。叶4～5个或更多，均基生，为二回羽状三出复叶；叶片长1.5～4cm；小叶薄革质，有短柄或无柄，圆菱形、菱状宽倒卵形或倒卵形，长和宽均为3～5mm，基部圆形或宽楔形，三浅裂，浅裂片全缘，脉不明显；叶柄长1.5～3.5cm。花葶1～2条，高6～20cm，不分枝；总状花序长2.2～9cm；苞片小，狭卵形；花梗向下弯曲，长

132-1-高山唐松草-叶

1～10mm；萼片4，脱落，椭圆形，长约2mm；雄蕊7～10，长约5mm，花药狭长圆形，长约1.2mm，顶端有短尖头，花丝丝形；心皮3～5，柱头约与子房等长，箭头状。瘦果无柄或有不明显的柄，狭椭圆形，稍扁，长约3mm，有8条粗纵肋。6—8月开花。

地理分布 在亚洲北部和西部、欧洲、北美洲有分布。生于海拔4 360～5 300m高山草地、山谷阴湿处或沼泽地，在我国主要分布在西藏、新疆、青海、甘肃。在甘肃主要分布在南部的甘南及中部部分高海拔的高山草甸。

饲用价值 饲用价值不高，青鲜草适口性差，具有弱毒性，秋后或冬季干枯状态其毒害基本消失，可与其他牧草混合刈割调制青干草作为冬春饲料。在高寒草甸是常见建群种之一根及根状茎可入药，具有清热燥湿，杀菌止痢的作用。

132-2-高山唐松草-茎枝

132-3-高山唐松草-花枝

132-4-高山唐松草-全株

七、蔷薇科

地榆属

地榆

桃属

蒙古扁桃

委陵菜属

金露梅
银露梅
鹅绒委陵菜
二裂委陵菜
莓叶委陵菜
朝天委陵菜

地　榆

Sanguisorba officinalis L.

　　别名　黄瓜香、玉札、山枣子。

　　形态特征　多年生草本，高1～2m，无毛。根粗壮。茎直立，上部多分枝。单数羽状复叶，小叶5～15，矩圆状卵形至椭圆形，长2～6cm，宽0.7～4cm，先端锐尖或钝，基部近心形或近截形，边缘有尖圆牙齿。花小而密集，形成顶生圆柱形的穗状花序，每花有苞片2，披针形；萼裂片4，花瓣状，紫红色；无花瓣；雄蕊4，花柱短于雄蕊。瘦果宽卵形或椭圆形，长约3mm，棕褐色，有纵棱。千粒重1.25g。

　　细胞染色体　2n=56。

　　地理分布　广布在欧亚大陆及北美，在中国分布在东北、华北、西北、华中、西南等地。在甘肃大部分地区均有分布，主要分布于草原、草甸、山坡草地、黄土高原山谷阴湿处。

133-1-地榆-叶

133-2-地榆-茎

133-3-地榆-花序

133-4-地榆-全株

　　饲用价值　地榆草质柔嫩，无毛，无异味。从株丛结构上看叶片较少，且多集中在植株的下半部，上半部主要是茎秆和花序，开花后的地榆株丛（8月中旬），地上部分以风干物质计算，叶仅占总重的15.4%，而茎占57.0%，花序占27.6%。由于地榆株丛茎多叶少，因此从整个地上部分化学成分来看，粗蛋白质含量不高。地榆嫩苗、嫩茎叶可食用，地榆也是中草药，有凉血止血，清热解毒，培清养阴，消肿等功效。地榆叶形美观，其紫红色穗状花序摇曳于翠叶之间，可作花境背景或栽植于庭园、花园供观赏。

蒙古扁桃

Amygdalus mongolica（Maxim.）Ricker

别名 乌兰·布衣勒斯，山樱桃。

形态特征 灌木，高1~2m；枝条开展，多分枝，小枝顶端转变成枝刺；嫩枝红褐色，被短柔毛，老时灰褐色。短枝上叶多簇生，长枝上叶常互生；叶片宽椭圆形、近圆形或倒卵形，长8~15mm，宽6~10mm，先端圆钝，有时具小尖头，基部楔形，两面无毛，叶边有浅钝锯齿，侧脉约4对，下面中脉明显突起；叶柄长2~5mm，无毛。花单生稀数朵簇生于短枝上；花梗极短；萼筒钟形，长3~4mm，无毛；萼片长圆形，与萼筒近等长，顶端有小尖头，无毛；花瓣倒卵形，长5~7mm，粉红色；雄蕊多数，长短不一致；子房被短柔毛；花柱细长，几与雄蕊等长，具短柔毛。果实宽卵球形，长12~15mm，宽约10mm，顶端具急尖头，外面密被柔毛；果梗短；果肉薄，成熟时开裂，离核；核卵形，长8~13mm，顶端具小尖头，基部两侧不对称，腹缝压扁，背缝不压扁，表面光滑，具浅沟纹，无孔穴；种仁扁宽卵形，浅棕褐色。花期5月，果期8月。

地理分布 蒙古国有分布。中国主要产于内蒙古、甘肃、宁夏。在甘肃主要分布在河西走廊的荒漠和荒漠草原区的低山丘陵坡麓、石质坡地及干河床。

饲用价值 蒙古扁桃为荒漠及荒漠草原山地和沙地养羊的饲用植物。山羊及绵羊采食其嫩枝、叶及花。从适口性看，山羊喜食，此种为旱生灌木，特别是在干旱年份，草本植物缺少时，则显现出其利用优势。蒙古扁桃富含无氮浸出物，灰分也较高，蛋白质含量中等，9种必需氨基酸含量偏低。综合评价，为中等偏低的饲用植物。种仁榨油可供药用。蒙古扁桃是荒漠区和荒漠草原的水土保持植物和景观植物，蒙古扁桃为国家三级保护植物，是蒙古高原古老残遗植物，是戈壁荒漠特有种，耐干旱和贫瘠，可作干旱地区的水土保持植物，有极大的生态、经济价值。蒙古扁桃又是重要的木本油料树种之一，种仁含油率约为40%，其油可供食用。

134-1-蒙古扁桃-叶　　134-2-蒙古扁桃-种子　　134-3-蒙古扁桃-茎　　134-4-蒙古扁桃-全株

金露梅

Potentilla fruticosa L.

别名　金老梅、金蜡梅、木本委陵菜、药王茶、棍儿茶。

形态特征　落叶灌木，高0.5～2m。多分枝，树皮纵向剥落。小枝红褐色，幼时被长柔毛。羽状复叶，通常有小叶5，稀3，上面1对小叶基部下延与叶轴合生；叶柄被绢毛或疏柔毛；小叶长圆形、倒卵状长圆形或卵状披针形，长7～20mm，宽4～10mm，先端锐尖，基部楔形，全缘，两面疏被绢毛或柔毛或脱落无毛；托叶膜质，披针形。单花或数朵生于枝端成伞房状，花梗密被长柔毛，花直径1.5～3cm；萼片卵形，外被疏绢毛；花瓣黄色，宽倒卵形，比萼片长。瘦果卵形，褐棕色，长1.5mm，密被长柔毛。花果期6—9月。

细胞染色体　2n=28，42。

地理分布　中亚、高加索、西伯利亚、蒙古、朝鲜、欧洲、北美均有分布。在中国黑龙江、吉林、辽宁、内蒙古、河北、山西、陕西、甘肃、新疆、四川、云南、西藏等地均有分布。在甘肃主要生于中西部黄土高原海拔较高的山坡草地、砾石坡、灌丛及林缘，甘肃甘南的大部分地区均有分布。

饲用价值　金露梅的枝叶柔软，春季马、羊喜食，牛也采食，骆驼最爱吃，在干旱山区为中等饲用植物。在金露梅分盖度为30%～50%的情况下，干茎叶的产量可达708.8kg/hm²，是高寒地区产量较高的牧草。金露梅粗蛋白质和脂肪的含量均高，总能也较高。因此，在优良牧草分布较少的地区，金露梅仍为有饲用价值的牧草。金露梅黄花鲜艳，适宜作庭园观赏灌木，或作矮篱也很美观。叶与果含鞣质，可提制栲胶。嫩叶可代茶叶饮用。花、叶入药，有健脾、化湿、清暑、调经之效。

135-1-金露梅-叶

135-2-金露梅-花

135-3-金露梅-全株

135-4-金露梅-群落

银露梅

Potentilla glabra Lodd.

别名 银老梅、白花棍儿茶。

形态特征 灌木，高0.3～2m，树皮纵向剥落。小枝灰褐色或紫褐色，被稀疏柔毛。叶为羽状复叶，有小叶2对，稀3小叶，上面一对小叶基部下延与轴汇合，叶柄被疏柔毛；小叶片椭圆形、倒卵椭圆形或卵状椭圆形，长0.5～1.2cm，宽0.4～0.8cm，顶端圆钝或急尖，基部楔形或几圆形，边缘平坦或微向下反卷，全缘，两面绿色，被疏柔毛或几无毛；托叶薄膜质，外被疏

136-1-银露梅-花

柔毛或脱落几无毛。顶生单花或数朵，花梗细长，被疏柔毛；花直径1.5～2.5cm；萼片卵形，急尖或短渐尖，副萼片披针形、倒卵披针形或卵形，比萼片短或近等长，外面被疏柔毛；花瓣白色，倒卵形，顶端圆钝；花柱近基生，棒状，基部较细，在柱头下缢缩，柱头扩大。瘦果表面被毛，褐棕色近卵形，6—11月开花结果。

地理分布 在朝鲜、俄罗斯、蒙古有分布。在中国主要分布在内蒙古、河北、山西、陕西、甘肃、青海、安徽、湖北、四川、云南等地。在甘肃主要分布在甘南、河西等地2 500～34 200m的山地灌丛、山坡草地、河谷岩石缝中及林中。

饲用价值 属中等饲用植物，骆驼喜食，羊乐食，牛采食其叶，是高寒地区较好的饲用植物。银露梅枝叶繁盛，花白如雪，花期长达4个多月，秀丽动人，为著名观花树种，适于草坪、林缘、路边及假山岩石间配植。可作花坛、花境或花篱。另外，银露梅的嫩叶可代茶，茎皮、秆可作人造棉或造纸原料。叶可药用，有清热、健胃、调经之效。

136-2-银露梅-果枝

136-3-银露梅-叶

136-4-银露梅-全株

鹅绒委陵菜

Potentilla anserina L.

别名　蕨麻、人参果、延寿草、莲花菜、曲尖委陵菜、仙人果。

形态特征　多年生匍匐草本。根肥大，富含淀粉。纤细的匍匐枝沿地表生长，可达97cm，节上生不定根、叶与花梗。羽状复叶，基生叶多数，叶丛直立状生长，高达15～25cm，叶柄长4～6cm，小叶15～17枚，无柄，长圆状倒卵形、长圆形，边缘有尖锯齿，背面密生白绢毛。花鲜黄色，单生于由叶腋抽出的长花梗上，花瓣倒卵形、顶端圆形，比萼片长1倍；花柱侧生，小枝状，柱头稍扩大。瘦果椭圆形，宽约1mm，褐色，表面微被毛。

地理分布　本种分布较广，横跨欧亚美三洲北半球温带，以及南美智利、大洋洲新西兰及塔斯马尼亚岛等地。中国东北、西北、华北及西南各地均有生长。甘肃大部分地区均有分布，海拔500～4100m。生于河岸、路边、山坡草地及草甸，甘南地区最常见。

饲用价值　鹅绒委陵菜质地柔软，鲜草无特殊气味，干草具清香气味。属柔软多汁、营养价值较高的牧草。鹅绒委陵菜为匍匐型牧草，植株低矮且多基生叶，不便刈割干贮利用。青鲜草叶片糙涩，牛、羊少量采食。鹅绒委陵菜全株含鞣质15.25%，全草可提取栲胶及黄色染料。此外，全草还供药用，国外资料报道：能治疗肿瘤、坏血病等症；榨取汁液内服，可排除尿结石，治疗结石症。青海、甘肃的高寒地区所产本种的根部肥大，富含淀粉，可供食用，特称"蕨麻"或"人参果"，治贫血和营养不良等，又可供甜制食品及酿酒用；根含鞣料，可提制栲胶，并可入药，做收敛剂；茎叶可提取黄色染料；可作蜜源植物。

137-1-鹅绒委陵菜-叶正面

137-2-鹅绒委陵菜-叶背面

137-3-鹅绒委陵菜-花

137-4-鹅绒委陵菜-全株

二裂委陵菜

Potentilla bifurca L.

别名　毛二裂叶委陵菜、鸡冠草。

形态特征　多年生矮小草本，具木质化的根状茎，暗褐色。茎自基部分枝，直立或斜升，高5~12cm，干旱生境中则匍匐地面。单数羽状复叶，小叶7~13，小叶片先端常二裂，顶生小叶常三裂，基部楔形，全缘，两面被伏柔毛；托叶膜质。聚伞花序顶生，具花3~5朵；萼片矩圆形，副萼片条形，花冠鲜黄色，直径12~15mm，雄蕊多数，雌蕊多数。瘦果，近椭圆形，长约2mm，褐色。

细胞染色体　2n=14。

地理分布　蒙古、俄罗斯和朝鲜有分布。在中国遍布北方各省区，自东北、华北、内蒙古、陕西、甘肃、青海至新疆、西藏，南方分布在华中和四川等地。甘肃甘南、河西地区及中东部的高原、高山均常见。

饲用价值　二裂委陵菜属中等饲用植物，青鲜状态绵羊、山羊于春季喜食，夏秋及干枯后乐食；牛、马仅稍吃，干旱生境生长过于低矮，往往大家畜无法采食。骆驼四季乐食。二裂委陵菜为药用植物。春、夏季挖取带根全草，切碎晒干，可治痔疮；秋季采其变态茎叶，晒干入药，有凉血、止血的功能。因花期长，为一种辅助蜜源植物。

138-1-二裂委陵菜-叶

138-2-二裂委陵菜-花

138-3-二裂委陵菜-果枝

138-4-二裂委陵菜-全株

莓叶委陵菜

Potentilla fragarioides L.

别名 雉子筵、毛猴子、满山红、菜飘子。

形态特征 多年生草本。根极多，簇生。花茎多数，丛生，上升或铺散，长8～25cm，被开展长柔毛。基生叶羽状复叶，有小叶2～3对，间隔0.8～1.5cm，稀4对，连叶柄长5～22cm，叶柄被开展疏柔毛，小叶有短柄或几无柄；小叶片倒卵形、椭圆形或长椭圆形，长0.5～7cm，宽0.4～3cm，顶端圆钝或急尖，基部楔形或宽楔形，边缘有多数急尖或圆钝锯齿，近基部全缘，两面绿色，被平铺疏柔毛，下面沿脉较密，锯齿边缘有时密被缘毛；茎生叶，常有3小叶，小叶与基生叶小叶相似或长圆形顶端有锯齿而下半部全缘，叶柄短或几无柄；基生叶托叶膜质，褐色，外面有稀疏开展长柔毛，茎生叶托叶草质，绿色，卵形，全缘，顶端急尖，外被平铺疏柔毛。伞房状聚伞花序顶生，多花，松散，花梗纤细，长1.5～2cm，外被疏柔毛；花直径1～1.7cm；萼片三角卵形，顶端急尖至渐尖，副萼片长圆披针形，顶端急尖，与萼片近等长或稍短；花瓣黄色，倒卵形，顶端圆钝或微凹；花柱近顶生，上部大，基部小。成熟瘦果近肾形，直径约1mm，表面有脉纹。花期4—6月，果期6—8月。

地理分布 日本、朝鲜、蒙古、苏联西伯利亚等地均有分布。我国产于黑龙江、吉林、辽宁、内蒙古、河北、山西、陕西、甘肃、山东、河南、安徽、江苏、浙江、福建、湖南、四川、云南、广西等地。甘肃甘南、河西地区的地边、沟边、草地、灌丛及疏林下均常见。

饲用价值 莓叶委陵菜羊和骆驼喜食，牛、马乐食，为较好的饲用植物。莓叶委陵菜喜光，稍耐阴，耐寒，耐旱，耐瘠薄，花橘黄色，亮丽美观，绿色期较长，可作园林绿化用。

139-1-莓叶委陵菜-叶

139-2-莓叶委陵菜-花

139-3-莓叶委陵菜-果枝

139-4-莓叶委陵菜-全株

朝天委陵菜

Potentilla supina L.

140-1-朝天委陵菜-叶

140-2-朝天委陵菜-花

140-3-朝天委陵菜-果枝

140-4-朝天委陵菜-全株

别名 伏委陵菜、仰卧委陵菜、铺地委陵菜、鸡毛菜、野金梅草。

形态特征 为一年生或二年生草本植物。高10~50cm，根细长或较粗壮，茎平卧、斜升或近直立，多分枝，疏生柔毛。羽状复叶，基生叶有小叶7~13枚，小叶倒卵形或矩圆形，长0.6~3cm，宽4~15mm，先端圆钝，边缘有缺刻状锯齿，上面略粗糙，无毛，下面被伏毛；茎生叶与基生叶相似，有时为三出复叶，托叶阔卵形，三浅裂。花茎上多叶，下部花自叶腋生，顶端呈伞房状聚伞花序；花单生于叶腋，花梗长8~20mm，稀可达30mm，密被柔毛；花黄色，6~8mm；萼片三角形，副萼片卵形，与萼片几乎等长；花瓣倒卵形，先端微缺或钝。瘦果卵形，微皱，黄褐色。

细胞染色体 2n=34，42。

地理分布 朝鲜、日本、俄罗斯（西伯利亚、远东地区）、北美洲均有分布。在中国分布在黑龙江、吉林、内蒙古、新疆、河北、河南、陕西、甘肃、山东、四川等地。甘肃甘南、河西及中部的草甸草原均比较常见。

饲用价值 朝天委陵菜在花前期质地柔嫩，无气味，富含水分，羊喜食。营养较丰富，为中等饲用植物，为草甸草原放牧场上的耐牧植物种类，可为家畜提供早春和晚秋牧草。全草可入药，能滋补、收敛、清热、止血，主治肠炎、痢疾、各种出血及感冒发热。另外，花期可为辅助蜜源植物。

八、茄科

枸杞属

枸杞

曼陀罗属

曼陀罗

枸　杞

Lycium chinense Mill.

别名　野枸杞、枸杞菜、枸杞子、狗奶子、红青椒、枸杞果、牛吉力、狗牙子。

形态特征　多分枝灌木，高0.5～1m，栽培时可达2m多；枝条细弱，常弯曲，弓状弯曲或俯垂，淡灰色，有纵条纹，棘刺长0.5～2cm，生叶和花的棘刺较长，小枝顶端锐尖成棘刺状。叶纸质或栽培者质稍厚，单叶互生或2～4枚簇生，卵形、卵状菱形、长椭圆形、卵状披针形，顶端急尖，基部楔形，长1.5～5cm，宽0.5～2.5cm，栽培者较大，可长达10cm以上，宽达4cm；叶柄长0.4～1cm。花在长枝上单生或双生于叶腋，在短枝上则同叶簇生；花梗长1～2cm，向顶端渐增粗。花萼长3～4mm，通常3中裂或4～5齿裂，裂片多少有缘毛；花冠漏斗状，长9～12mm，淡紫色，筒部向上骤然扩大，稍短于或近等于檐部裂片，5深裂，裂片卵形，顶端圆钝，平展或稍向外反曲，边缘有缘毛，基部耳显著；雄蕊较花冠稍短，或因花冠裂片外展而伸出花冠，花丝在近基部处密生一圈绒毛并交织成椭圆状的毛丛，与毛丛等高处的花冠筒内壁亦密生一环绒毛；花柱稍伸出雄蕊，上端弓弯，柱头绿色。浆果红色或黑色，卵状，栽培者可成长矩圆状或长椭圆状，顶端尖或钝，长7～15mm，栽培者长可达2.2cm，直径5～8mm。种子扁肾脏形，长2.5～3mm，黄色。花果期6—11月。

细胞染色体　2n=24。

地理分布　欧洲及亚洲东部地区也有分布。在中国分布在东北、河北、山西、陕西、甘肃南部以及西南、华中、华南和华东各省区。甘肃河西地区及中部的山坡、荒地、丘陵地、盐碱地、路旁及村边宅旁比较常见，常生于向阳山坡、沟旁。

饲用价值　枸杞属中等饲用灌木，其叶柔软多汁，但枝条多棘刺，骆驼四季均可采食；春季的嫩枝叶，骆驼、绵羊、山羊均喜食，牛、马乐食嫩枝叶。结实后，枝叶的适口性降低，但成熟的浆果，各种牲畜均喜食。冬季，骆驼采食当年生的枝条；绵羊、山羊食地面的落叶。是干旱地区的良等饲草，最适于作骆驼的放牧地。枸杞的粗蛋白质、无氮浸出物和粗灰分含量均高，粗纤维含量比较低，是一种盐生氮碳型饲料，具有较高的营养价值。枸杞适于放牧利用，也可判将嫩枝叶饲喂家畜或晒制干草制成草粉。但以开花前利用最好。成熟的浆果对家畜有一定的保健作用。枸杞果实、叶、根皮均可入药。果实能滋肝补肾、益精明目；根皮名"地骨皮"，有清虚热、凉血之功。叶可治扁桃体脓肿。枸杞还是重要的固沙植物。又可作薪柴，也可栽培作庭院、菜园、农田的绿篱用树种。作为蜜源植物其花粉数量多，泌蜜丰富，分布集中处每群可产蜜10～20kg，为很好的地方性主要或辅助蜜源植物。

141-1-枸杞-叶

141-2-枸杞-果

141-3-枸杞-果枝

141-4-枸杞-全株

曼陀罗

Datura stramonium L.

142-1-曼陀罗-叶

142-2-曼陀罗-花

142-3-曼陀罗-果

142-4-曼陀罗-全株

别名　狗核桃、曼荼罗、枫茄花、万桃花、洋金花、野麻子、醉心花、曼达、闹羊花。

形态特征　草本或半灌木状，高0.5～1.5m，全体近于平滑或在幼嫩部分被短柔毛。茎粗壮，圆柱状，淡绿色或带紫色，下部木质化。叶广卵形，顶端渐尖，基部不对称楔形，边缘有不规则波状浅裂，裂片顶端急尖，有时亦有波状牙齿，侧脉每边3～5条，直达裂片顶端，长8～17cm，宽4～12cm；叶柄长3～5cm。花单生于枝叉间或叶腋，直立，有短梗；花萼筒状，长4～5cm，筒部有5棱角，两棱间稍向内陷，基部稍膨大，顶端紧围花冠筒，5浅裂，裂片三角形，花后自近基部断裂，宿存部分随果实而增大并向外反折；花冠漏斗状，下半部带绿色，上部白色或淡紫色，檐部5浅裂，裂片有短尖头，长6～10cm，檐部直径3～5cm；雄蕊不伸出花冠，花丝长约3cm，花药长约4mm；子房密生柔针毛，花柱长约6cm。蒴果直立生，卵状，长3～4.5cm，直径2～4cm，表面生有坚硬针刺或有时无刺而近平滑，成熟后淡黄色，规则4瓣裂。种子卵圆形，稍扁，长约4mm，黑色。花期6—10月，果期7—11月。

细胞染色体　2n=24。

地理分布　广布于世界各大洲；我国各省区都有分布。在甘肃各地均有分布，常生于住宅旁、路边或草地上，也有作药用或观赏而栽培。

饲用价值　曼陀罗全株有毒不可用于饲用，曼陀罗中毒为家畜误食曼陀罗种子、果实、叶、花所致，其主要成分为山莨菪碱、阿托品及东莨菪碱等。上述成分具有兴奋中枢神经系统，阻断M—胆碱反应系统，对抗和麻痹副交感神经的作用。其实就是神经性中毒。可药用，有镇痉、镇静、镇痛、麻醉的功能。种子油可制肥皂和掺合油漆用。曼陀罗的观赏性很强，也可以净化空气，但在家中种植曼陀罗还是比较少的，因为曼陀罗不但是剧毒植物，而且花香有致幻的效果，种植在室内不合适。另外曼陀罗种子油可制肥皂和掺合油漆。

九、白花丹科

补血草属

二色补血草
大叶补血草
耳叶补血草

二色补血草

Limonium bicolor（Bunge）Kuntze

143-1-二色补血草-叶

143-2-二色补血草-花

143-3-二色补血草-全株

143-4-二色补血草-干花

别名　二色矶松、苍蝇花、蝇子架、苍蝇花、二色匙叶草。

形态特征　多年生草本，高20～40cm，全株（除萼外）无毛。根圆锥形，根皮红褐色至黑褐色。基生叶多数，呈莲座状，匙形、倒卵状匙形至矩圆状匙形，长2～11cm，宽0.5～2cm，先端圆或钝，基部渐狭为扁平叶柄，全缘。花序轴1～5个，有棱角或沟槽，自中下部以上作数回分枝，花2～4（6）朵集成小穗，由3～5（11）个小穗组成有柄或无柄的穗状花序，再由穗状花序在花序分枝顶端或上部组成圆锥状；苞片紫红色；花萼漏斗状，紫红色或粉红色，后变白色，沿脉密被细硬毛；花冠黄色，裂片5；雄蕊5；子房倒卵圆形。花期5（下旬）—7月，果期6—8月。

细胞染色体　2n=16。

地理分布　蒙古、俄罗斯、西伯利亚有分布。中国主要分布在东北、黄河流域各地及江苏北部、新疆等。甘肃河西及中部地区有零星分布，主要生于含盐的钙质土上或砂地。

饲用价值　二色补血草为中等饲用植物，在生长期一般不为家畜采食，羊有时仅采食其少量花序和叶子。冬季羊仅食其叶子，果后粗蛋白质10.07%，粗脂肪8.67%，粗纤维25.90%，44.66%。全草均可药用，有收敛、止血、利水的作用。因其花朵细小，干膜质，色彩淡雅，观赏时期长，可制成自然干花。

大叶补血草

Limonium gmelinii（Willd.）Kuntze

别名 克迷克、拜赫曼。

形态特征 多年生草本，高30～70（100）cm。叶基生，较厚硬，长圆状倒卵形、长椭圆形或卵形，宽大，长（5）10～30（40）cm，宽3～8（10）cm，先端通常钝或圆，基部渐狭成柄，下表面常带灰白色，开花时叶不凋落。花序呈大型伞房状或圆锥状，花序轴常单生，圆柱状，光滑，节部具大形褐色鳞片，通常由中部以上作3～4回分枝，小枝细而直，无不育枝或仅在分叉处具一简单不育枝；穗状花序多少有柄，密集在末级分枝的上部至顶端，由2～7个小穗紧密排列而成；小穗含1～2（3）花；外苞长约1～1.5mm，宽卵形，先端急尖或钝，有窄膜质边缘，第一内苞长2～2.5mm，先端有极窄的膜质边缘而常钝或圆，两侧的膜质边缘约与草质部等宽或略宽；萼长约3～3.5mm，倒圆锥形，萼筒基部和内方两脉上被毛，萼檐淡紫色至白色，裂片先端钝，脉不达于裂片基部，间生裂片有时略明显；花冠蓝紫色。花期7—9月，果期8—9月。

地理分布 国外主要分布在东起西伯利亚安加拉河中游，西至中欧东南部。我国野生种产新疆北部，通常生于盐渍化的荒地上和盐土上，低洼处常见。甘肃河西、兰州及天水等地可见小面积栽培品种。

饲用价值 大叶补血草的叶子羊、骆驼较为喜食。大叶补血草叶片营养成分低于豆科牧草，但和禾本科牧草相近，且在盐碱地或碱性大的沙地上生长，是一般豆科牧草和禾本科牧草不能相比的，骆驼、羊、牛、马、鸡等家畜家禽都可食用，栽培一次可多次利用，可弥补春季饲料缺乏的不足，是开发价值较高的饲用草料。其可入药，清热解毒，止血散瘀，消炎，具有较好的药用价值。其极耐盐渍及贫瘠土壤，是防风固沙，保持水土的优良地被植物，是盐碱地绿化材料，具有良好的生态效宜。大叶补血草花形美丽耀眼，花朵密集，花期长，富有独特的艺术美感和观赏价值，可做切花用，是我国北方干旱地区常见的一种独特的多年生野生花卉。

144-1-大叶补血草-叶

144-2-大叶补血草-花

144-3-大叶补血草-茎

144-3-大叶补血草-全株

175

耳叶补血草

Limonium otolepis（Schrenk）Ktze.

别名　野茴香。

形态特征　多年生草本，高30～90（120）cm，
全株（有时除萼外）无毛。有暗红褐色而通常
上部直立的根状茎，上端成肥大的茎基。叶基
生并在花序轴上互生；基生叶倒卵状匙形，长
3～6（8）cm，宽1～2（3）cm，先端钝或圆，
基部渐狭成细扁的柄，开花时凋落，花序轴下部
5～7节上和侧枝下部2～3节上有阔卵形至肾形抱
茎的叶，花期中开始凋落（花序轴上留下环状痕
迹）。花序圆锥状，花序轴单生，或数枚分别由
不同的叶丛间伸出，圆柱状，平滑或小枝上略具

145-1-耳叶补血草-叶

疣，常由中部向上作4～7回分枝，下方分枝形成多数不育枝，小枝细短而繁多；穗状花序
列于细弱分枝的上部至顶端，由2～5（7）个小穗略疏排列而成；小穗含1（偶为2）花；外
苞长约1mm，宽卵形，先端通常钝或圆，除基部外全为膜质，第一内苞长约2mm，草质部
约与外苞等大；萼长约2.2～2.5mm，倒圆锥形，萼筒无毛或在一侧近基部的脉上略有毛，
萼檐白色，裂片先端钝，脉不达于裂片基部；花冠淡蓝紫色。花期6—7月，果期7—8月。

地理分布　阿富汗和俄罗斯有分布。我国主要产于新疆北部和甘肃河西西部。在甘肃
河西的盐渍化荒漠土壤上有少量分布。武威、兰州等地区有少量人工引种栽培。

饲用价值　耳叶补血草的叶和嫩枝羊和骆驼采食。在荒漠地区可作为春冬季饲料，其
耐盐渍及干旱，是保水固沙的优良地被植物。花美观艳丽，是野生观赏植物，可做干切花
的材料；该种还是中药材和蜜源植物。

145-2-耳叶补血草-茎

145-3-耳叶补血草-花

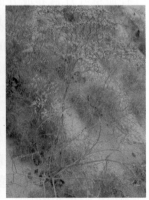

145-4-耳叶补血草-全株

十、柽柳科

柽柳属

柽柳

柽 柳

Tamarix chinensis Lour.

别名　红柳、垂丝柳、西河柳、三春柳、观音柳、红筋条、红荆条。

形态特征　灌木或乔木，高3～6m；老枝直立，暗褐红色，光亮，幼枝稠密细弱，常开展而下垂，红紫色或暗紫红色，有光泽；嫩枝繁密纤细，悬垂。叶鲜绿色，从去年生木质化生长枝上生出的绿色营养枝上的叶长圆状披针形或长卵形，长1.5～1.8mm，稍开展，先端尖，基部背面有龙骨状隆起，常呈薄膜质；上部绿色营养枝上的叶钻形或卵状披针形，先端渐尖而内弯，基部变窄，长1～3mm，背面有龙骨状突起。每年开花两、三次。春季开花：总状花序侧生在去年生木质化的小枝上，长3～6cm，宽5～7mm，花大而少，较稀疏而纤弱点垂，小枝亦下倾；有短总花梗，或近无梗，梗生有少数苞叶或无；苞片线状长圆形，或长圆形，渐尖，与花梗等长或稍长；花梗纤细，较萼短；花5出；萼片5，狭长卵形，具短尖头，略全缘，外面2片，背面具隆脊，长0.75～1.25mm，较花瓣略短；花瓣5，粉红色，通常卵状椭圆形或椭圆状倒卵形，稀倒卵形，长约2mm，较花萼微长；花盘5裂，裂片先端圆或微凹，紫红色，肉质；雄蕊5，长于或略长于花瓣，花丝着生在花盘裂片间，自其下方近边缘处生出；子房圆锥状瓶形，花柱3，棍棒状，长约为子房之半。蒴果圆锥形。夏、秋季开花；总状花序长35cm，生于当年生幼枝顶端，组成顶生大圆锥花序，疏松而通常下弯；花5出，较春季者略小，密生；苞片绿色，草质，较春季花的苞片狭细，较花梗长，线形至线状锥形或狭三角形，渐尖，向下变狭，基部背面有隆起，全缘；花萼三角状卵形；花瓣粉红色，直而略外斜，远比花萼长；花盘5裂，或每一裂片再2裂成10裂片状；雄蕊5，长等于花瓣或为其2倍，花药钝，花丝着生在花盘主裂片间，自其边缘和略下方生出；花柱棍棒状。花期4—9月。蒴果圆锥形，有种子25～30粒。

细胞染色体　2n=24。

地理分布　日本、美国有栽培。我国分布于中国南、北各地。常生于轻度盐渍化土壤上。在甘肃河西走廊、黄土高原的河流冲积平原，盐碱地、轻度盐渍化荒漠土壤及沙丘上均有分布。

饲用价值　在中国干旱地区对养驼业是重要的饲料。骆驼、牛、羊采食其嫩枝叶或秋霜后的干叶，为中等饲用植物。柽柳是可以生长在荒漠、河滩或盐碱地等恶劣环境中的顽强植物，是最能适应干旱沙漠和滨海盐土生存、防风固沙、改造盐碱地、绿化环境的优良树种之一。可作薪炭柴，亦可作农具用材。其细枝柔韧耐磨，坚实耐用，多用来编筐、编糖和农具柄把。其枝叶纤细悬垂，婀娜可爱，姿态婆娑，一年开花三次，鲜绿粉红花相映成趣，颇为美观。多栽于庭院、公园等处作观赏用。枝叶药用为解表发汗药，咳嗽，风湿骨痛。

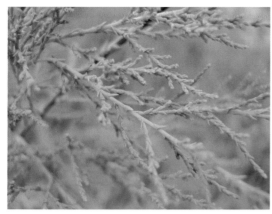

146-1-柽柳-叶

146-2-柽柳-花

146-3-柽柳-花枝

146-4-柽柳-全株

十一、杨柳科

杨属

胡杨

柳属

乌柳

胡 杨

Populus euphratica Oliv.

别名 异叶杨、胡桐、英雄树。

形态特征 乔木。树高10～15（21）m，胸径30～40（400）cm。树冠近圆形。树皮灰黄色，纵裂。枝条稀疏，小枝灰色或淡灰褐色。叶互生，灰绿色，叶形变化较大，长枝或幼年树上的叶条形、条状披针形、披针形或菱形，长5～12cm，全缘或中部以上边缘有疏锯齿；成年树枝上的叶宽卵形、扁圆形、扇形或肾形，长2～5cm。全缘或上部有疏大缺刻，基部宽楔形或截形；叶柄长，略扁；雄花序长1.5～2.5cm，每花具雄蕊23～27；雌花序长6～10cm。蒴果长椭圆形，长10～15mm，疏被柔毛，2～3瓣裂。

地理分布 在国外，胡杨分布在蒙古、巴基斯坦、伊朗、阿富汗、叙利亚、伊拉克、埃及和俄罗斯。中国分布以新疆塔里木河谷最为集中，沿河岸形成走廊状的河岸林带，继续向东经罗布泊、哈顺戈壁、甘肃西北到内蒙古宁额济纳河谷。此外在准噶尔盆地、伊犁谷底、柴达木盆地以及内蒙古的乌兰布和沙漠、阿拉善沙漠和乌兰察布盟西北部，也有小片的胡杨分布。甘肃的胡杨主要分布在河西走廊。

饲用价值 胡杨是荒漠地区重要的木本饲用植物，其落叶是家畜冬春季节的重要饲料。嫩枝、叶骆驼喜食，干叶骆驼和山羊采食，马、牛不食。胡杨林下具有丰富的枯枝落叶层，是良好的天然青贮饲料，可供利用的干枝、树叶约每公顷41.25kg，是荒漠区较好的冬春牧场。枝叶繁茂，营养价值较高，其可食枝叶富含无氮浸出物，纤维含量较低，蛋白质含量中等，灰分含量高，其中富钙，乏磷。胡杨在荒漠地区不仅作为饲料来源。胡杨林是荒漠区特有的珍贵森林资源，对防风固沙、创造适宜的绿洲气候和形成肥沃的土壤具有重要意义。

147-1-胡杨-叶　　　　147-2-胡杨-幼树　　　　147-3-胡杨-成年树　　　　147-4-胡杨-人工林

乌 柳

Salix cheilophila Schneid.

别名 沙柳、筐柳。

形态特征 灌木或小乔木。高可达4m，枝细长，幼时被绢毛，后脱落，一二年生枝紫红色或紫褐色，有光泽。叶条形或条状披针形，长1.5～5cm，宽3～7mm，先端尖或渐尖，基部楔形，边缘常反卷，中上部有细腺齿，上面幼时被绢状柔毛，下面有明显的绢毛；叶柄长1～3mm。花序先叶开放，圆柱形，长1.5～2.5cm，径3～4mm，花序轴具柔毛；苞片倒卵状椭圆形，黄褐色；雄蕊2，完全合生，花丝无毛，花药球形，黄色；腹腺1；子房近无柄，卵状椭圆形，密被短柔毛，花柱极短。蒴果长约3mm，密被短毛。

细胞染色体 2n=76。

地理分布 分布在中国内蒙古、河北、山西、陕西、甘肃、青海、西藏、四川、云南等地。在甘肃主要分布在河西走廊等较干旱地区。

148-1-乌柳-叶

148-2-乌柳-茎

148-3-乌柳-全株

148-4-乌柳-群落

饲用价值 乌柳为品质中等的宽叶饲草，嫩枝、叶片、花序、树皮，绵羊、山羊、骆驼乐食，其他家畜很少采食。冬季饲草缺乏期，各种家畜均喜食，为家畜过冬度春的重要饲草。乌柳枝繁叶茂，生产力较高，营养较丰富，含有较高的粗蛋白质、粗脂肪和较少的粗纤维。乌柳也是良好的固沙树种，平茬枝条是柳编制品和压制胶合板的重要原料，树皮可入药，味苦性寒，有清热消肿之功能。

十二、胡颓子科

胡颓子属

沙枣

沙 枣

Elaeagnus angustifolia L.

别名　桂香柳、香柳、银柳、刺柳、银柳胡颓子。

形态特征　灌木或乔木，高3～10（15）m。树皮栗褐色至红褐色，有光泽，树干常弯曲，枝条稠密，具枝刺，嫩枝、叶、花、果均被银白色鳞片及星状毛；叶具柄，披针形，长4～8cm，先端尖或钝，基部楔形，全缘，上面银灰绿色，下面银白色。花小，银白色，芳香，通常1～3朵生于小枝叶腋；花萼筒状钟形，顶端通常4裂。果实长圆状椭圆形，直径为1cm，果肉粉质，果皮早期银白色，后期鳞片脱落，呈黄褐色或红褐色。

细胞染色体　2n=28。

地理分布　沙枣在国外分布于地中海沿岸、亚洲西部、俄罗斯和印度。沙枣在中国主要分布在西北各省区和内蒙古西部，少量的也分布到华北北部、东北西部，大致在北纬34°以北地区。天然沙枣林集中在新疆塔里木河、玛纳斯河，甘肃疏勒河，内蒙古的额济纳河两岸。内蒙古境内黄河的一些大三角洲（如李化中滩、大中滩）也有分布。甘肃的沙枣主要分布在甘肃河西走廊，甘肃武威地区石羊河林场有大面积人工沙枣林。甘肃中东部也有沙枣分布。

饲用价值　沙枣用作饲料在我国西北已有悠久的历史。其叶和果是羊的优质饲料，羊四季均喜食。羊食沙枣果实后不仅增膘肥壮，而且能提高母羊发情和公羊配种率，有利于繁殖。在西北冬季风暴天气，沙枣林则是羊群避灾保畜的场所。也可饲喂猪及其他牲畜，对猪的育肥增膘、产仔催奶均有良好促进作用。从沙枣其叶和果实均含有牲畜所需要的营养物质。沙枣除饲用外，还是很好的造林、绿化、制薪炭及防风固沙树种。沙枣粉还可酿酒、酿醋、制酱油、果酱等，糟粕仍可饲用。沙枣花香，是很好的蜜源植物，含芳香油，可提取香精、香料。树液可提制沙枣胶，为阿拉伯胶的代用品。花、果、枝、叶又可入药治烧伤、支气管炎、消化不良、神经衰弱等。沙枣的多种经济用途受到广泛重视，目前已成为西北地区主要造林树种之一。从饲用角度看，沙枣在建立人工饲料林上具有重要意义。沙枣可大面积的营造农田防护林和防风固沙林，耐盐碱，也在沙荒地和盐碱地引种栽培。

149-1-沙枣-叶

149-2-沙枣-果

149-3-沙枣-全株　149-4-沙枣-种子

十三、鸢尾科

鸢尾属

马蔺

马 蔺

Iris lactea Pall.var.*chinensis* Fisch.Koidz.

别名 马莲、紫蓝草、兰花草、箭秆风、马帚子。

形态特征 多年生草本，高10～60cm。根状茎粗短，须根棕褐色，植株基部具红褐色而裂成纤维状的枯叶鞘残留物。叶基生，坚韧，条形，长30～40cm，宽4～8mm，先端渐尖，灰绿色。花葶自基部抽出，有花1～3朵，蓝紫色；花被片6，外轮3片较大，匙形，稍开展；内轮3片倒披针形，直立；花柱分枝3，花瓣状，先端2裂。蒴果长椭圆形，具纵肋6条，先端有喙；种子多数，近球形而有棱角，棕褐色。

150-1-马蔺-叶

150-2-马蔺-全株

150-3-马蔺-花

150-4-马蔺-种子

细胞染色体 2n=40。

地理分布 在朝鲜和俄罗斯有分布。在中国是广布种，分布在东北、华北、华东、内蒙古、山西、陕西、宁夏、甘肃、青海东部及柴达木、新疆和西藏等地。甘肃中部、西南部均常见，生于荒地、路旁、山坡草地，尤以过度放牧的盐碱化草场上生长较多。

饲用价值 青鲜状态只在春季萌发后为牛、羊少量采食，此后，整个夏季因含鸢尾苷、鸢尾素等有毒成分，以及粗纤维韧性过大等缘故，家畜多不采食。秋季霜后才为山羊、绵羊、牛乐食，奶山羊、奶牛也吃。除饲用外，马蔺的花、种子、根均可入药。花晒干可利尿通便，种子和根可除湿热、止血、解毒。作为纤维植物，可代麻制纸、做绳，根还可制作刷子。也是一种固沙及庭院绿化观赏植物。

十四、车前科

车前属

平车前

平车前

Plantago depressa Willd.

151-1-平车前-叶

151-2-平车前-花序

151-3-平车前-全株

151-4-平车前-种子

别名　车前草、小车前、车轮菜、车轱辘菜、车串串。

形态特征　一年生或二年生草本。直根圆柱状，基生叶，直立或平铺于地面上，椭圆形、椭圆状披针形或卵状披针形，长4～10cm，宽1～3cm，先端锐尖或稍钝，基部下延成柄，边缘有不规则的疏齿，两面被柔毛或无毛，弧形脉5～7条。花葶直立或弧曲，高（5）10～20cm，穗状花序长4～18cm，中、上部花较密生，下部花较疏；苞片三角状卵形；萼4裂，白色，膜质；花冠淡绿色，顶部4裂；雄蕊4，超出花冠。蒴果圆锥状，成熟时盖裂，含种子4～5，矩圆形，长1.5mm、黑棕色。花期5—7月，果期7—9月。

细胞染色体　2n=12。

地理分布　俄罗斯、蒙古、日本、印度有分布。中国各省区都有均常见。甘肃各地均有，主要分布在草地、河滩、沟边、草甸、田间及路旁。

饲用价值　为中等饲用植物。马、牛、羊、骆驼乐食，幼期喜食，猪、兔也于幼嫩期喜食，晒干后都爱吃。嫩叶人也可吃，一般于初夏季节采集后用水煮，再经清水浸泡，揉搓，加葱花调味，可炒菜、煮汤或做面食的馅。种子可入药，有利水、清热、止泻、明目的功效；花期花粉丰富，亦是蜜源植物。

十五、旋花科

打碗花属

打碗花

打碗花

Calystegia hederacea Wall.ex.Roxb.

152-1-打碗花-叶

152-2-打碗花-花

152-3-打碗花-全株

152-4-打碗花-种子

别名　喇叭花、兔耳草、富苗秧、扶秧、小旋花、旋花苦蔓、老母猪草。

形态特征　一年生草本，全体不被毛，植株通常矮小，高8~30（-40）cm，常自基部分枝，具细长白色的根。茎细，平卧，有细棱。基部叶片长圆形，长2~3（-5.5）cm，宽1~2.5cm，顶端圆，基部戟形，上部叶片3裂，中裂片长圆形或长圆状披针形，侧裂片近三角形，全缘或2~3裂，叶片基部心形或戟形；叶柄长1~5cm。花腋生，1朵，花梗长于叶柄，有细棱；苞片宽卵形，长0.8~1.6cm，顶端钝或锐尖至渐尖；萼片长圆形，长0.6~1cm，顶端钝，具小短尖头，内萼片稍短；花冠淡紫色或淡红色，钟状，长2~4cm，冠檐近截形或微裂；雄蕊近等长，花丝基部扩大，贴生花冠管基部，被小鳞毛；子房无毛，柱头2裂，裂片长圆形，扁平。蒴果卵球形，长约1cm，宿存萼片与之近等长或稍短。种子黑褐色，长4~5mm，表面有小疣。

细胞染色体　2n=20。

地理分布　分布在东非的埃塞俄比亚、亚洲南部、东部以至马来西亚。我国各地均有分布。甘肃各地从平原至高海拔地方都有生长，为农田、荒地、路旁常见的草。打碗花总是作为沙质、沙砾质、砾石质土地的优势种或伴生种出现。

饲用价值　打碗花为中等牧草，其茎秆脆嫩、纤维素含量少，叶片肥厚，气味纯正，多种家畜喜食，特别是牛、马、驴、骡最喜食，兔、禽也食。晒干后是大家畜，兔，羊越冬的好饲草，放牧青饲或调制干草。在甘肃农村叶子常被作为猪的饲料。

十六、石竹科

石 竹

Dianthus chinensis L.

153-1-石竹-叶

153-2-石竹-花

153-3-石竹-花枝

153-4-石竹-全株

别名 洛阳花、中国石竹、中国沼竹、石竹子花。

形态特征 多年生草本，高30～50cm，全株无毛，带粉绿色。茎由根颈生出，疏丛生，直立，上部分枝。叶片线状披针形，长3～5cm，宽2～4mm，顶端渐尖，基部稍狭，全缘或有细小齿，中脉较显。花单生枝端或数花集成聚伞花序；花梗长1～3cm；苞片4，卵形，顶端长渐尖，长达花萼1/2以上，边缘膜质，有缘毛；花萼圆筒形，长15～25mm，直径4～5mm，有纵条纹，萼齿披针形，长约5mm，直伸，顶端尖，有缘毛；花瓣长16～18mm，瓣片倒卵状三角形，长13～15mm，紫红色、粉红色、鲜红色或白色，顶缘不整齐齿裂，喉部有斑纹，疏生髯毛；雄蕊露出喉部外，花药蓝色；子房长圆形，花柱线形。蒴果圆筒形，包于宿存萼内，顶端4裂；种子黑色，扁圆形。花期5—6月，果期7—9月。

细胞染色体 2n=30。

地理分布 俄罗斯西伯利亚和朝鲜也有分布。石竹原产我国北方，现在南北普遍生长。生于草原和山坡草地。甘肃黄土高原的干山坡、草原沙质地等野生种分布较为广泛。

饲用价值 石竹适口性差，早期及干枯后羊和牛偶食叶子，为低等饲草。但石竹是很好的观赏花卉。石竹株型低矮，茎秆似竹，叶丛青翠，自然花期5—9月，花朵繁茂，此起彼伏，观赏期较长。园林中可用于花坛、花境、花台或盆栽，也可用于岩石园和草坪边缘点缀，可作景观地被材料。根和全草均可入药，有清热利尿，破血通经，散瘀消肿的功效。

裸果木

Gymnocarpos przewalskii Maxim.

别名　瘦果石竹。

形态特征　亚灌木状，高50～100cm。叶狭条状扁圆形，肉质、稍带红色。茎曲折，多分枝；树皮灰褐色，剥裂；嫩枝红褐色，节膨大。叶几无柄，叶片稍肉质，线形，略成圆柱状，长5～10mm，宽1～1.5mm，顶端急尖，具短尖头，基部稍收缩；托叶膜质，透明，鳞片状。聚伞花序腋生；苞片白色，膜质，透明，宽椭圆形，长6～8mm，宽3～4mm；花小，不显著；花萼下部连合，长1.5mm，萼片倒披针形，长约1.5mm，顶端具芒尖，外面被短柔毛；花瓣无；外轮雄蕊无花药，内轮雄蕊花丝细，长约1mm，花药椭圆形，纵裂；子房近球形。瘦果包于宿存萼内；种子长圆形，直径约0.5mm，褐色。花期5—7月，果期8月。

细胞染色体　2n=40。

地理分布　蒙古国南部也有少量分布。我国主要分布于新疆、甘肃、青海和内蒙古，生于海拔800～2 200m处的荒漠地带。甘肃主要分布于河西走廊的干河床、戈壁滩、砾石山坡，祁连山前戈壁和草场生产力低下的荒漠草原带有较多的裸果木生长。

饲用价值　裸果木嫩枝骆驼喜食，羊和牛也采食，属良等饲用植物。裸果木根系发达，耐干旱、寒冷和瘠薄土壤，抗风能力强，可作固沙植物。裸果木是亚洲中部荒漠的特有种，是国家二级保护稀有种。为古地中海旱生植物区系孑遗种。对研究我国西北、内蒙古荒漠的发生、发展、气候的变化以及旱生植物区系成分的起源，有较重要的科学价值。

154-1-裸果木-叶

154-2-裸果木-嫩枝

154-3-裸果木-茎

154-4-裸果木-全株

十七、唇形科

独一味

Lamiophlomis rotata（Benth.）Kudo

别名 大巴，打布巴。

形态特征 草本，高2.5～10cm；根茎伸长，粗厚，径达1cm。叶片常4枚，辐状两两相对，菱状圆形、菱形、扇形、横肾形以至三角形，长（4）6～13cm，宽（4.4）7～12cm，先端钝、圆形或急尖，基部浅心形或宽楔形，下延至叶柄，边缘具圆齿，上面绿色，密被白色疏柔毛，具皱，下面较淡，仅沿脉上疏被短柔毛，侧脉3～5对，在叶片中部以下生出，其上再一侧分枝，因而呈扇形，与中肋均两面凸起；下部叶柄伸长，长可达8cm，上部者变短，几至无柄，密被短柔毛。轮伞花序密集排列成有短葶的头状或短穗状花序，有时下部具分枝而呈短圆锥状，长3.5～7cm，序轴密被短柔毛；苞片披针形、倒披针形或线形，长1～4cm，宽1.5～6mm，下部者最大，向上渐小，先端渐尖，基部下延，全缘，具缘毛，上面被疏柔毛，小苞片针刺状，长约8mm，宽约0.5mm。花萼管状，长约10mm，宽约2.5mm，干时带紫褐色，外面沿脉上被疏柔毛，萼齿5，短三角形，先端具长约2mm的刺尖，自内面被丛毛。花冠长约1.2cm，外被微柔毛，内面在冠筒中部密被微柔毛，冠筒管状，基部宽约1.25mm，向上近等宽，至喉部略增大，宽达2mm，冠檐二唇形，上唇近圆形，直径约5mm，边缘具齿牙，自内面密被柔毛，下唇外面除边缘全缘外被微柔毛，内面在中裂片中部被髯毛，余部无毛，3裂，裂片椭圆形，长约4mm，宽约3mm，侧裂片较小，长约2.5mm，宽约2mm。小坚果倒卵状三棱形，浅棕色，无毛。花期6—7月，果期8—9月。

细胞染色体 2n=22。

地理分布 尼泊尔、锡金和不丹也有分布。中国主要产于西藏、青海、甘肃、四川西部及云南西北部，生于高原或高山上强度风化的碎石滩中或石质高山草甸、河滩地，海拔2 700～4 500m。在甘肃主要分布在甘南高寒草地，河西的天祝、肃南、肃北等高寒草甸等。

饲用价值 饲用价值很低，家畜一般不采食，叶子枯干后牦牛偶食。独一味是青藏高原特有的一种重要药用植物。有活血祛瘀，消肿止痛之功效。民间用全草入药，治跌打损伤、筋骨疼痛、气滞闪腰、浮肿后流黄水、关节积黄水、骨松质发炎、止血等功效。

155-1-独一味-叶正面　155-2-独一味-叶背面　155-3-独一味-全株　155-4-独一味-果枝

密花香薷

Elsholtzia densa Benth.

156-1-密花香薷-叶

156-2-密花香薷-花

156-3-密花香薷-花序

156-4-密花香薷-全株

别名 咳嗽草、野紫苏、臭香茹、媳蟋巴。

形态特征 香薷属一年生草本，高20~60cm，密生须根。茎直立，自基部多分枝，分枝细长，茎及枝均四棱形，具槽，被短柔毛。叶长圆状披针形至椭圆形，长1~4cm，宽0.5~1.5cm，先端急尖或微钝，基部宽楔形或近圆形，边缘在基部以上具锯齿，革质，上面绿色下面较淡，两面被短柔毛，侧脉6~9对；叶柄长0.3~1.3cm，背腹扁平，被短柔毛。穗状花序长圆形或近圆形，长2~6cm，宽1cm，密被紫色串珠状长柔毛。花萼钟状，长约1mm，外面及边缘密被紫色串珠状长柔毛，萼齿5。花冠小，淡紫色，3裂，中裂片较侧裂片短。雄蕊4，花药近圆形。花柱微伸出，先端近相等，2裂。小坚果卵圆形，长2mm，宽1.2mm，暗褐色，被极细微柔毛，腹面略具棱，顶端具小疣状突起。花、果期7—10月。

细胞染色体 $2n=22$。

地理分布 阿富汗，巴基斯坦，尼泊尔，印度，锡金，俄罗斯有分布。我国产于河北、山西、陕西、甘肃、青海、四川、云南、西藏及新疆，在甘肃河西、甘南及中东部的林缘、高山草甸、河边及山坡荒地均有分布。

饲用价值 鲜草家畜基本不采食，为低等饲用植物。干枯后牛、羊采食。藏区代香薷用，兼可外用治脓疮及皮肤病。

黄 芩

Scutellaria baicalensis Georgi

别名　香水水草、山茶根、土金茶根。

形态特征　多年生草本；根茎肥厚，肉质，径达2cm，伸长而分枝。茎基部伏地，上升，高（15）30~120cm，基部径2.5~3mm，钝四棱形，具细条纹，近无毛或被上曲至开展的微柔毛，绿色或带紫色，自基部多分枝。叶坚纸质，披针形至线状披针形，长1.5~4.5cm，宽（0.3）0.5~1.2cm，顶端钝，基部圆形，全缘，上面暗绿色，无毛或疏被贴生至开展的微柔毛，下面色较淡，无毛或沿中脉疏被微柔毛，密被下陷的腺点，侧脉4对，于中脉上面下陷下面凸出；叶柄短，长2mm，腹凹背凸，被微柔毛。花序在茎及枝上顶生，总状，长7~15cm，常在茎顶聚成圆锥花序；花梗长3mm，与序轴均被微柔毛；苞片下部者似叶，上部者远较小，卵圆状披针形至披针形，长4~11mm，近于无毛。花萼开花时长4mm，盾片高1.5mm，外面密被微柔毛，萼缘被疏柔毛，内面无毛，果时花萼长5mm，有高4mm的盾片。花冠紫、紫红至蓝色，长2.3~3cm，外面密被具腺短柔毛，内面在囊状膨大处被短柔毛；冠筒近基部明显膝曲，中部径1.5mm，至喉部宽达6mm；冠檐2唇形，上唇盔状，先端微缺，下唇中裂片三角状卵圆形，宽7.5mm，两侧裂片向上唇靠合。雄蕊4，稍露出，前对较长，具半药，退化半药不明显，后对较短，具全药，药室裂口具白色髯毛，背部具泡状毛；花丝扁平，中部以下前对在内侧后对在两侧被小疏柔毛。花柱细长，先端锐尖，微裂。花盘环状，高0.75mm，前方稍增大，后方延伸成极短子房柄。子房褐色，无毛。小坚果卵球形，高1.5mm，径1mm，黑褐色，具瘤，腹面近基部具果脐。花期7—8月，果期8—9月。

细胞染色体　2n=16。

地理分布　俄罗斯东西伯利亚，蒙古，朝鲜，日本均有分布。我国产于黑龙江、辽宁、内蒙古、河北、河南、甘肃、陕西、山西、山东、四川等地。甘肃常见于中东部向阳草坡地、休荒地上，甘肃有人工栽培，甘肃主产陇西、渭源、漳县，次产岷县、宕昌、河西等地。

饲用价值　青绿时绵羊和山羊采食，牛乐食，马在饥饿情况下采食。营养物质含量中粗蛋白质和粗脂肪含量中等。枯黄后叶片凋落，残留的茎秆基部粗硬，木质化成分高，家畜仅采食其顶端的细枝，因此为中低等饲草。根茎为药，可解热消炎，对上呼吸道感染、急性胃肠炎等均有功效。可治疗植物性神经的动脉硬化性高血压，以及神经系统的机能障碍，可消除高血压的头痛、失眠、心部苦闷等症，外用有抗生作用。

157-1-黄芩-叶

157-2-黄芩-花

157-3-黄芩-全株

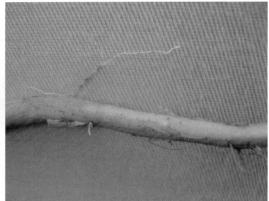

157-4-黄芩-根

百里香

Thymus mongolicus Ronn.

别名　千里香、地姜、地椒、地角花。

形态特征　小半灌木，花枝高2~10cm。茎多数，匍匐或上升；不育枝从茎的末端或基部生出，匍匐或上升，被短柔毛；在花序下密被向下曲或稍平展的疏柔毛，下部毛变短而疏，具2~4叶对，基部有脱落的先出叶。叶为卵圆形，长4~10mm，宽2~4.5mm，先端钝或稍锐尖，基部楔形或渐狭，全缘或稀有1~2对小锯齿，两面无毛，侧脉2~3对，在下面微突起，腺点多少有些明显，叶柄明显，靠下部的叶柄长约为叶片1/2，在上部则较短；苞叶与叶同形，边缘在下部1/3具缘毛。花序头状，多花或少花，花具短梗。花萼管状钟形或狭钟形，长4~4.5mm，下部被疏柔毛，上部近无毛，下唇较上唇长或与上唇近相等，上唇齿短，齿不超过上唇全长1/3，三角形，具缘毛或无毛。花冠紫红、紫或淡紫、粉红色，长6.5~8mm，被疏短柔毛，冠筒伸长，长4~5mm，向上稍增大。小坚果近圆形或卵圆形，压扁状，光滑。花期7—8月。

细胞染色体　2n=26。

地理分布　俄罗斯、蒙古、朝鲜有分布。我国主要产于甘肃、陕西、青海、山西、河北、内蒙古。多生于多石山地、斜坡、山谷、山沟、路旁及杂草丛中，海拔1 100~3 600m。在甘肃临夏、镇原、定西及天水等地均常见。

饲用价值　百里香为中等牧草。在幼嫩阶段，绵羊和山羊均喜食；从孕蕾期至成熟期，各类家畜均不食；枯黄后，各类小家畜均喜食物。百里香营养价值较高，其粗蛋白质含量与一般豆科牧草相当，优于禾本科牧草。百里香植株比较低矮，具有沿着地表面生长的匍匐茎茎上的不定芽能萌发出很多根系，能形成很强大的根系网，可有效防止水土流失。由于百里香具有突出的耐寒、耐旱、耐瘠薄、抗病虫能力以及生长快速、花量大、花期长、具愉悦的香味等特性，它已成为城市园林绿化中不可多得的优良地被植物。百里香可治疗多种疾病，其地上部分或全草的鲜样或阴干样，有祛风、止痛的功能。百里香整株具有芳香的气味，很早的时候就作为一种香料蔬菜、蜜源植物出现在人们的生活中，是人类从古至今应用的天然的调味香料之一。

158-1-百里香-叶　　158-2-百里香-花　　158-3-百里香-全株　　158-4-百里香-群落

白花枝子花

Dracocephalum heterophyllum Benth.

159-1-白花枝子花-叶

159-2-白花枝子花-花

159-3-白花枝子花-全株

159-4-白花枝子花-种子

别名 异叶青兰、马尔赞居西、祖帕尔。

形态特征 多年生草本，高10～25cm。茎多数，四棱形，斜升或平卧地面，密被倒向微柔毛。茎下部叶宽卵形至长卵形，长1.5～3.5cm，宽0.7～2cm，先端钝或圆形，基部心形或截平，边缘具浅圆齿，两面有毛；茎中部叶具等长或短于叶片的叶柄，叶片与茎下部叶同形；茎上部叶变小。轮伞花序生于茎上部叶腋，长3～6cm；苞片倒卵形或倒披针形，长1～2cm；花萼明显呈二唇形，长13～15mm，外面疏被短柔毛，边缘具短睫毛；唇形花冠淡黄色或白色，长2～2.5cm，外面密被短柔毛；雄蕊4无毛。小坚果矩圆形。花期6—8月。

细胞染色体 2n=24。

地理分布 蒙古、中亚有分布，中国主要分布于内蒙古、山西、宁夏、甘肃、青海、西藏、新疆及四川北部等地。甘肃中部、西南部及河西走廊均有分布，常生于山地草原及半荒漠的多石干燥地区，甘肃兰州以西及西南均常见。

饲用价值 白花枝子花属中等饲用植物，青绿状态时山羊、绵羊乐食，但不在草群中挑食，马、牛、驴、骡均食，兔子也食。青干草羊、牛、马均食，冬季叶片脱落后，饲用价值明显降低。白花枝子花为较好的辅助蜜源植物，含蜜多、粉少，全草可入药，可治疗高血压、淋巴结核、气管炎等。

十八、瑞香科

狼毒属

狼毒

狼 毒

Stellera chamaejasme Linn.

别名 北狼毒、断肠草、红狼毒、拔萝卜、燕子花、馒头花、山萝卜、火柴头。

形态特征 多年生草本，高20～50cm；根茎木质，粗壮，圆柱形，不分枝或分枝，表面棕色，内面淡黄色；茎直立，丛生，不分枝，纤细，绿色，有时带紫色，无毛，草质，基部木质化，有时具棕色鳞片。叶散生，稀对生或近轮生，薄纸质，披针形或长圆状披针形，稀长圆形，长12～28mm，宽3～10mm，先端渐尖或急尖，稀钝形，基部圆形至钝形或楔形，上面绿色，下面淡绿色至灰绿色，边缘全缘，不反卷或微反卷，中脉在上面扁平，下面隆起，侧脉4～6对，第2对直伸直达叶片的2/3，两面均明显；叶柄短，长约1.1mm，基部具关节，上面扁平或微具浅沟。花白色、黄色至带紫色，芳香，多花的头状花序，顶生，圆球形；具绿色叶状总苞片；无花梗；花萼筒细瘦，长9～11mm，具明显纵脉，基部略膨大，无毛，裂片5，卵状长圆形，长2～4mm，宽约2mm，顶端圆形，稀截形，常具紫红色的网状脉纹；雄蕊10，2轮，下轮着生花萼筒的中部以上，上轮着生于花萼筒的喉部，花药微伸出，花丝极短，花药黄色，线状椭圆形，长约1.5mm；花盘一侧发达，线形，长约1.8mm，宽约0.2mm，顶端微2裂；子房椭圆形，几无柄，长约2mm，直径1.2mm，上部被淡黄色丝状柔毛，花柱短，柱头头状，顶端微被黄色柔毛。果实圆锥形，长5mm，直径约2mm，上部或顶部有灰白色柔毛，为宿存的花萼筒所包围；种皮膜质，淡紫色。花期4—6月，果期7—9月。

细胞染色体 2n=18。

地理分布 俄罗斯西伯利亚也有分布。中国主要分布于北方各省区及西南地区。生于海拔2 600～4 200m的干燥而向阳的高山草坡、草坪或河滩台地。是甘肃甘南、河西高寒草甸以及甘肃中东部高山草原及荒坡常见物种。

饲用价值 狼毒有毒，家畜不采食，为高寒草甸退化指示性植物。狼毒的毒性较大，可以杀虫；根入药，有祛痰、消积、止痛之功能，外敷可治疥癣。狼毒根、茎中含有丰富的纤维和淀粉，纤维细长、柔软，有一定韧性，是生产各种高级纸张的原料，藏族居民用它生产藏经纸。其根可用来发酵生产工业乙醇。将瑞香狼毒开发成新型的植物杀虫剂，能控制草原滋生、蔓延的杂草，并防除农作物虫害、减少化学农药使用。

160-1-狼毒-叶　　160-2-狼毒-花　　160-3-狼毒-全株　　160-4-狼毒-种子

十九、大戟科

大戟属

乳浆大戟

乳浆大戟

Euphorbia esula L.

161-1-乳浆大戟-叶

161-2-乳浆大戟-嫩枝

161-3-乳浆大戟-果

161-4-乳浆大戟-全株

别名 猫眼草、烂疤眼、华北大戟、松叶乳汁大戟、东北大戟、宽叶乳浆大戟、乳浆草。

形态特征 多年生草本。根圆柱状，长20cm以上，直径3~5（6）mm，不分枝或分枝，常曲折，褐色或黑褐色。茎单生或丛生，单生时自基部多分枝，高30~60cm，直径3~5mm；不育枝常发自基部，较矮，有时发自叶腋。叶线形至卵形，变化极不稳定，长2~7cm，宽4~7mm，先端尖或钝尖，基部楔形至平截；无叶柄；不育枝叶常为松针状，长2~3cm，直径约1mm；无柄；总苞叶3~5枚，与茎生叶同形；伞幅3~5，长2~4（5）cm；苞叶2枚，常为肾形，少为卵形或三角状卵形，长4~12mm，宽4~10mm，先端渐尖或近圆，基部近平截。花序单生于二歧分枝的顶端，基部无柄；总苞钟状，高约3mm，直径2.5~3.0mm，边缘5裂，裂片半圆形至三角形，边缘及内侧被毛；腺体4，新月形，两端具角，角长而尖或短而钝，变异幅度较大，褐色。雄花多枚，苞片宽线形，无毛；雌花1枚，子房柄明显伸出总苞之外；子房光滑无毛；花柱3，分离；柱头2裂。蒴果三棱状球形，长与直径均5~6mm，具3个纵沟；花柱宿存；成熟时分裂为3个分果爿。种子卵球状，长2.5~3.0mm，直径2.0~2.5mm，成熟时黄褐色；种阜盾状，无柄。花果期4—10月。

细胞染色体 $2n=20，40$。

地理分布 广布于欧亚大陆及北美。我国除海南、贵州、云南外均有分布。甘肃中西部及西南部均有分布，生于路旁、杂草丛、山坡、林下、河沟边、荒山、沙丘及草地。

饲用价值 乳浆大戟牛羊不取食该草，为有毒植物，是草原上重要的毒害草之一。乳浆大戟根系发达，常可竞争取代当地有价值的植物种类。大面积蔓延危害很多，使草地畜牧业受到很大损失。种子含油量达30%，工业用；全草入药，具拔毒止痒之效。

二十、无患子科

文冠果属

文冠果

文冠果

Xanthoceras sorbifolium Bunge

别名 文冠树、木瓜、文冠花、崖木瓜、文光果。

形态特征 落叶灌木或小乔木，高2~5m；小枝粗壮，褐红色，无毛，顶芽和侧芽有覆瓦状排列的芽鳞。叶连柄长15~30cm；小叶4~8对，膜质或纸质，披针形或近卵形，两侧稍不对称，长2.5~6cm，宽1.2~2cm，顶端渐尖，基部楔形，边缘有锐利锯齿，顶生小叶通常3深裂，腹面深绿色，无毛或中脉上有疏毛，背面鲜绿色，嫩时被绒毛和成束的星状毛；侧脉纤细，两面略凸起。花序先叶抽出或与叶同时抽出，两性花的花序顶生，雄花序腋生，长12~20cm，直立，总花梗短，基部

162-1-文冠果-叶

162-2-文冠果-全株

162-3-文冠果-果

162-4-文冠果-种子

常有残存芽鳞；花梗长1.2~2cm；苞片长0.5~1cm；萼片长6~7mm，两面被灰色绒毛；花瓣白色，基部紫红色或黄色，有清晰的脉纹，长约2cm，宽7~10mm，爪之两侧有须毛；花盘的角状附属体橙黄色，长4~5mm；雄蕊长约1.5cm，花丝无毛；子房被灰色绒毛。蒴果长达6cm；种子长达1.8cm，黑色而有光泽。花期春季，果期秋初。

细胞染色体 2n=30。

地理分布 我国产于北部和东北部，西至宁夏、甘肃，东北至辽宁，北至内蒙古，南至河南。野生于丘陵山坡等处。甘肃河西、中部地区及陇东均有栽培。

饲用价值 文冠果油渣中还富含钙、磷等微量元素，是制造精饲料的理想原料。文冠果壳中含有丰富的粗纤维，其含量在41%以上，是玉米秸秆等粗饲料原料的理想替代者。随着新饲料资源开发与利用，文冠果油渣、文冠果壳作为基础精料饲喂肉羊和和肉牛。文冠果种子可食，风味似板栗。种仁含脂肪57.18%、蛋白质29.69%、淀粉9.04%、灰分2.65%，营养价值很高，是我国北方很有发展前途的木本油料植物，近年来已大量栽培。此外，还可作为园林绿化用。

二十一、夹竹桃科

罗布麻属

罗布麻

罗布麻

Apocynum venetum L.

别名 红麻、茶叶花、野麻。

形态特征 多年生草本。具乳汁，根系粗壮，茎直立，高约1.5m，多分枝，紫红色或淡红色，无毛，节间一般长6～10cm。叶对生，矩圆形或矩圆状披针形至卵状披针形，长1.5～4cm，宽0.5～1.5cm，先端锐尖或钝，基部楔形或圆形，边缘有细锯齿。聚伞花序顶生，苞片小形，膜质；花萼钟形，萼片5，被短毛；花冠钟形，粉红色或紫红色，长5～8mm，基部筒状，上部5裂，花冠里面有副花冠及花盘，雄蕊5。蓇葖果双生，长角状，成熟时黄褐色，长8～15cm，内含多数黄褐色种子，每一种子顶端生一簇白色细毛。

163-1-罗布麻-叶　　　　163-2-罗布麻-全株

163-3-罗布麻-嫩枝　　　　163-4-罗布麻-花

细胞染色体 2n=14。

地理分布 蒙古、俄罗斯、印度、欧洲和北美有分布。中国主要分布于吉林、辽宁、河北、内蒙古、山西、山东、河南、江苏、甘肃、陕西、新疆等地。甘肃主要分布在河西走廊。

饲用价值 罗布麻春季发芽较早，其叶及嫩茎马、牛、羊均可食，尤其羊、牛最为喜食。夏季牲畜一般不采食，仅在缺少其他饲用植物时，可采食其枝叶。秋季霜后和冬季各种家畜均喜食。并可刈割调制干草，一年中一般可刈割2次。罗布麻还是优良的纤维植物，其纤维可做高级服装衣料与造纸工业原料，优于棉花、亚麻，其抗力超过细羊毛，有极好的开发利用价值。嫩叶群众当茶饮用，故名茶叶花。全株还可药用，治疗心脏病及高血压病。花多而芳香，并有发达腺体，是良好的蜜源植物。叶含胶量达4.5%，可炼胶，目前有人工栽培。

二十二、萝藦科

鹅绒藤属

老瓜头

老瓜头

Cynanchum komarovii Al. Iljinski

别名 牛心朴子、芦心草。

形态特征 直立半灌木，高达50cm，全株无毛；根须状。叶革质，对生，狭椭圆形，长3~7cm，宽5~15mm，顶端渐尖或急尖，干后常呈粉红色，近无柄。伞形聚伞花序近顶部腋生，着花10余朵；花萼5深裂，两面无毛，裂片长圆状三角形；花冠紫红色或暗紫色，裂片长圆形，长2~3mm，宽1.5mm；副花冠5深裂，裂片盾状，与花药等长；花粉块每室1个，下垂；子房坛状，柱头扁平。蓇葖单生，匕首形，向端部喙状渐尖，长6.5cm，直径1cm；种子扁平；种毛白色绢质。花期6—8月，果期7—9月。

地理分布 中国主要产于宁夏、甘肃、河北和内蒙古等省区。在甘肃主要分布在河西走廊及东北部的沙漠及荒山坡。

饲用价值 老瓜头牲畜一般不采食，饲用价值不高。老瓜头是耐寒、耐旱的沙漠植物，花期大致从5月下旬至7月中旬，多数地区是从6月初至7月中旬。盛花期35~40天。花冠为开放式，花蕊在外面，泌蜜量大，容易采集。是重要的蜜源植物。此外老瓜头还可药用，具有退热，止泻作用。

164-1-老瓜头-叶　　　　　164-2-老瓜头-果

164-3-老瓜头-全株　　　　　164-4-老瓜头-种子及种毛

二十三、紫草科

聚合草属

聚合草

聚合草

Symphytum officinale L.

165-1-聚合草-叶

165-2-聚合草-花

165-3-聚合草-花序

165-4-聚合草-全株

别名 爱国草、友谊草、外来聚合草。

形态特征 多年生草本，丛生型，高50～130cm，全株密被糙毛。根肉质，分枝粗长，绳索状，根皮红褐色，根肉白色，质脆具黏液，根冠粗大。花茎常单生，直立，粗壮，上部分枝，在茎棱上具钩刺及窄翅。基生叶密集成莲座状，叶粗糙，下面叶脉呈隆起网状；下部叶长卵状披针形或长椭圆形，叶较大，长30～55cm，宽7～20cm，先端渐尖，基部宽楔形或近圆形，边缘波状或全缘，叶柄长10～40cm，具凹槽；中部及上部叶较小，披针形或卵状披针形，近无柄，基部明显下延。卷伞花序组成圆锥状；花萼5深裂，裂片披针形，尖锐，宿存；花冠筒状钟形，浅5裂，孕蕾期紫色或紫红色，后变为浅紫蓝色；雄蕊5，着生于花冠喉部，不外露，花丝比花药窄，并比花药稍长。小坚果斜卵形，长约0.4～0.5cm，黑褐色，具细疣点及网状皱纹。

细胞染色体 2n=40。

地理分布 原产于俄罗斯欧洲部分及高加索，生于山林地带，为典型的中生植物。现在朝鲜、日本、欧洲、亚洲、非洲、大洋洲等均有栽培。我国1963年引进，现在广泛栽培。在吉林、辽宁、北京、江苏、山东、山西、四川先后有栽培，甘肃主要在中东部及河西地区。

饲用价值 聚合草是一种适应性广、产量高，含蛋白质丰富的饲料作物。是猪、禽的好饲料。开始饲喂时不爱吃，经4～5天后才习惯。鲜嫩茎叶打浆后具黄瓜青香味，猪很爱吃，适口性最佳，饲喂以后不拉稀，不胀肚，没发现消化系统疾病。用聚合草喂奶牛、水牛、羊、鸡、骆驼、鹿等，适口性也是乐食或喜食，效果较好。聚合草的利用以青饲和青贮为主。青喂时，切碎或打浆，拌糠、麸或精料，家畜特别爱吃。在调制青贮时，可考虑和玉米秸混合青贮，能提高青贮品质。由于聚合草茎叶含水分高（87%～93%），蛋白质多，和糠、麸（5%左右）等分层装贮，可制成优质青贮料，但适口性不如青刈饲喂好。聚合草调制干草比较困难，叶薄易碎，损失较大。若调制成干草粉，可长期保存，作为畜、禽的高蛋白质、高矿物质和多种维生素营养的补充来源。聚合草还可作为药用以治疗溃疡、骨折、止泻，促进伤口愈合、消肿去毒和降压等。聚合草花期长约3个月，是有利用前景的蜜源植物。

二十四、马鞭草科

莸属

蒙古莸

蒙古莸

Caryopteris mongholica Bunge

别名　白沙蒿、白蒿、山狼毒、兰花茶。

形态特征　小灌木，常自基部即分枝。高15～40cm。老枝灰褐色，幼枝常紫褐色。单叶对生，条状披针形或条形，长1.5～6cm，宽3～10mm，全缘，上面深绿色，下面灰白色，两面均被短绒毛。聚伞花序顶生或腋生，花萼钟状，顶端分裂；花冠蓝紫色，先端5裂，其中1裂片较大，顶端撕裂；雄蕊4，2强，伸出花冠筒外。果实蒴果状，球形，熟时裂为4个带翅的小坚果。花果期8—10月。

细胞染色体　2n=26。

地理分布　蒙古也有分布。中国主要分布于内蒙古、山西、陕西、甘肃、青海等地。在甘肃主要分布于河西走廊的干旱坡地，沙丘荒野及干旱碱质土壤上。

饲用价值　山羊、绵羊仅采食其花，马在冬、春季少量采食其一年生枝条，多被评价为低等饲用植物。蒙古莸是一种碳氮型牧草，其营养比为1：9.4。蒙古莸的花、枝、叶可作蒙药，有祛寒、燥湿、健胃、壮身、止咳之效。其叶与花亦可提取芳油。全草味甘性温，消食理气、祛风湿、活血止痛。煮水当茶喝可治腹胀，消化不良，花和叶可提芳香油，又可庭园栽培供观赏。

166-1-蒙古莸-叶

166-2-蒙古莸-花

166-3-蒙古莸-茎

166-4-蒙古莸-全株

二十五、玄参科

马先蒿属

阿拉善马先蒿

极丽马先蒿

小米草属

小米草

阿拉善马先蒿

Pedicularis alaschanica Maxim.

形态特征 多年生草本，高可达35cm，但有时低矮，多茎，多少直立或更多侧茎铺散上升，干时易于稍变黑色。根粗壮而短，粗者径可达8mm，一般较细，长可达10cm，向端渐细，有细状侧根或分枝；根颈有多对复瓦状膜质卵形之鳞片。茎从根颈顶端发出，常多数，并在基部分枝，但上部决不分枝，中空，微有4棱，密被短而锈色绒毛。叶基出者早败，茎生者茂密，下部者对生，上部者3～4枚轮生，花苞不计外，各茎仅2～3轮；叶柄下部者长达3cm，几与叶片等长，扁平，沿中肋有宽翅，被短绒毛，翅缘被有卷曲长柔毛；叶片披针状长圆形至卵状长圆形，两面均近于光滑，长2.5～3cm，宽约1～1.5cm，羽状全裂，裂片每边7～9，线形而疏距，不相对，长达6mm，宽1mm，边有细锯齿，齿常有白色胼胝，不时卷。花序穗状，生于茎枝之端，长短不一，长者可达20cm以上，花轮可达10枚，下部花轮多间断；苞片叶状，甚长于花，柄多少膜质膨大变宽，中上部者渐渐变短，略长至略短于花，基部卵形而宽，前部线形而仅具锐齿或浅裂，很像五角马先蒿的苞片；萼膜质，长圆形，长达13mm，前方开裂，脉5主5次，明显高凸，沿脉被长柔毛，无网脉，齿5枚，后方1枚三角形全缘，其余三角状披针形而长，有反卷而具胼胝的踞齿；花冠黄色，长20～25mm，花管约与萼等长，在中上部稍稍向前膝屈，下唇与盔等长或稍长，浅裂，侧裂斜椭圆形而略带方形，甚大于亚菱形而显著的中裂，盔直立部分内缘约高（长）6mm，背线向前上方转折形成多少膨大的含有雄蕊部分，而后再转向前下方成为倾斜之额，顶端渐细成为稍稍下弯的短喙，喙长短和粗细很不一律，长2～3mm；雄蕊花丝着生于管的基部，前方一对端有长柔毛。

细胞染色体 2n=16。

地理分布 为我国特有，分布于青海、甘肃、内蒙古，也可能见于宁夏回族自治区。生于河谷多石砾与沙的向阳山坡及湖边平川地。在甘肃主要分布在河西走廊、中部黄土高原及甘南海拔2 300～3 600m的地区。

饲用价值 为中等饲用价值牧草。春季返青早，生长发育快，茎叶茂盛，草质好，生活力强，生育时间长，提供给牲畜放牧的青绿饲料时间长。青绿时羊、牛较采食，马不喜吃。枯黄后叶片易掉落，保留的残株牲畜仍采食。阿拉善马先蒿枝叶繁茂，翠绿成丛；唇形花黄色，密集成团，非常漂亮雅致。花期长，适合花坛及盆栽观赏。

167-1-阿拉善马先蒿-叶

167-2-阿拉善马先蒿-花

167-3-阿拉善马先蒿-全株

167-4-阿拉善马先蒿-种子

极丽马先蒿

Pedicularis decorissima Diels

别名 媳妇花。

形态特征 多年生草本，干时变为暗棕色，常成密丛，径达30cm，高达15cm。根茎短，长仅1~2cm，节少数，生有宿存的卵形至披针形鳞片，下端为圆锥状主根，径达4~5mm，一般较细，常有分枝，长6~7cm。茎常多条，中央者短，外方者常倾卧而端略上升，长10cm，多少扁平，有沟纹，两侧有翅状凸起，光滑或有毛。叶基出与茎生，均有长柄，柄长者达6cm，一般1~3cm，除上面沟中有短细毛外，全部多少有长毛，有时很密，两侧有翅，叶片长2~7cm，宽达8mm，仅上面中肋沟中有细短毛，边羽状深裂，偶有羽状浅裂者，裂片大而少，多者达9对，前方者开裂较浅，三角形至三角状卵形，长5~6mm，宽约相等，有重锯齿，幼时仅齿尖为胼胝质，老时胼胝加多加厚，缘强烈反卷，茎生者有时假对生。花均腋生，在主茎上者几直达基部，在侧茎上者生近枝端；苞片叶状；花梗短；萼多密被多细胞长毛，很大，长达20mm以上，管多少卵圆状，前方开裂约达一半，脉多条，仅2条稍较粗，但亦细弱，无网脉，齿两枚，长大，具细柄，长达3mm，上方叶状膨大，卵形，长约与柄等，缘羽状开裂，裂片约3对，有具刺尖的锐齿；花冠浅红色，管极长，达12cm，外面有疏毛，盔直立部分的基部很狭，仅与花管等粗，向上迅速变宽，前缘高约5mm，向上即转向前上方，与多少直上而后几以直角转向前方的背缝线组成强大的近乎三角形的含有雄蕊部分，宽达5mm，在额部下方两侧密生短线毛，前方细缩成为卷成大半环而端反指向前上方的喙。在额部前方与喙的近基的1/3，生有凸起极高的鸡冠状凸起，高达3.5mm，长达5mm，很像1个第二枚含有雄蕊的部分，喙端二裂，裂片一长一短，长者达3mm，较狭细，短者为宽卵形，花柱即在较短的裂片中伸出，下唇很大，宽达28mm，长自侧裂基部至中裂前缘约20~23mm，有长缘毛，中裂较小，倒卵形而略带方形，截头至圆头，向前凸出一半或更多，侧裂宽肾脏形，宽达16~18mm，长约11~12mm，基部深耳形；花丝两对均有密毛。

细胞染色体 2n=16。

地理分布 为我国特有种，主要产于青海东部、甘肃西南部与四川西部，生于海拔2 900~3 500m的高山草地中。在甘肃常见于甘南、河西高寒草甸及定西与天水的高山草坡。

饲用价值 为低等饲用价值牧草。幼嫩时山羊和马采食，成株家畜不采食。枯黄后牲畜仍少量采食。极丽马先蒿密集簇生，花冠粉红色，管长，花柱在裂片中伸出，下唇很大，像含羞的新娘头顶着红盖头，非常优雅靓丽，故在甘肃天水一带称为媳妇花，具有很好的观赏性。可作药用，治疗急性胃肠炎，食物中毒等。

168-1-极丽马先蒿-叶

168-2-极丽马先蒿-花

168-3-极丽马先蒿-花管

168-4-极丽马先蒿-全株

小米草

Euphrasia pectinata Ten.

形态特征 植株直立，高10～30cm，不分枝或下部分枝，被白色柔毛。叶与苞叶无柄，卵形至卵圆形，长5～20mm，基部楔形，每边有数枚稍钝、急尖的锯齿，两面脉上及叶缘多少被刚毛，无腺毛。花序长3～15cm，初花期短而花密集，逐渐伸长至果期果疏离；花萼管状，长5～7mm，被刚毛，裂片狭三角形，渐尖；花冠白色或淡紫色，背面长5～10mm，外面被柔毛，背部较密，其余部分较疏，下唇比上唇长约1mm，下唇裂片顶端明显凹缺；花药棕色。蒴果长矩圆状，长4～8mm。种子白色，长1mm。

地理分布 欧洲至蒙古，俄罗斯西伯利亚地区也有分布。中国分布于东北、华北、西北及山东、四川等省区和新疆、甘肃、宁夏、内蒙古、山西、河北等地。在甘肃主要分布于甘南、河西的山地草甸及中部黄土高原的山坡草地。

饲用价值 为低等饲用植物；幼苗时牛、羊少食，成株家畜不采食。枯黄后羊仍少量采食。在杂类草草甸中作为伴生种出现。

169-1-小米草-叶

169-2-小米草-花

169-3-小米草-花序

169-4-小米草-全株

二十六、麻黄科

麻黄属

中麻黄

中麻黄

Ephedra intermedia Schrenk ex Mey.

170-1-中麻黄-嫩枝

170-2-中麻黄-果

170-3-中麻黄-全株

170-4-中麻黄-种子

别名 麻黄、龙沙、卑相、狗骨、麻黄草、草麻黄。

形态特征 灌木，高20～100cm；茎直立或匍匐斜上，粗壮，基部分枝多；绿色小枝常被白粉呈灰绿色，径1～2mm，节间通常长3～6cm，纵槽纹较细浅。叶3裂及2裂混见，下部约2/3合生成鞘状，上部裂片钝三角形或窄三角披针形。雄球花通常无梗，数个密集于节上成团状，稀2～3个对生或轮生于节上，具5～7对交叉对生或5～7轮（每轮3片）苞片，雄花有5～8枚雄蕊，花丝全部合生，花药无梗；雌球花2～3成簇，对生或轮生于节上，无梗或有短梗，苞片3～5轮（每轮3片）或3～5对交叉对生，通常仅基部合生，边缘常有明显膜质窄边，最上一轮苞片有2～3雌花；雌花的珠被管长达3mm，常成螺旋状弯曲。雌球花成熟时肉质红色、椭圆形、卵圆形或矩圆状卵圆形，长6～10mm，径5～8mm；种子包于肉质红色的苞片内，不外露，3粒或2粒，形状变异颇大，常呈卵圆形或长卵圆形，长5～6mm，径约3mm。花期5—6月，种子7—8月成熟。

细胞染色体 2n=48。

地理分布 阿富汗、伊朗和原苏联地区也有分布。中国分布在华北、西北及辽宁、内蒙古等地。抗旱性强，生于海拔数百米至2 000多米的干旱荒漠、沙滩地区及干旱的草地上。在甘肃主要生于河西走廊的荒漠、沙地、干旱山坡。

饲用价值 低等的饲用植物。春、夏、秋季骆驼和山羊、绵羊采食其嫩枝和果实。冬季缺草的日子，绵山羊乐食，骆驼喜食。无论青干状态，马、牛一般不吃。为低等饲用植物。可供药用。肉质多汁的苞片可食，根和茎枝在产地常作燃料。

二十七、蒺藜科

霸王属

霸王

骆驼蓬属

骆驼蓬

霸 王

Zygophyllum xanthoxylum（Bunge）Maxim.

形态特征 灌木，高70～150cm。枝疏展，呈"之"字形弯曲，小枝先端刺状。复叶具2小叶，在老枝上簇生，在嫩枝上对生，小叶肉质，椭圆状条形或长匙状，长0.8～4.5cm，宽3～5mm，先端圆，基部渐狭。花单生于叶腋，萼片4，花瓣4，黄白色。蒴果通常具3宽翅，不开裂；种子肾形，黑褐色。花期4—5月，果期7—8月。

细胞染色体 2n=22。

地理分布 蒙古国有分布。在中国分布在内蒙古、甘肃、青海、新疆、西藏等地。在甘肃主要分布在河西走廊的荒漠和半荒漠的沙砾质河流阶地、低山山坡、碎石低丘和山前平原。

饲用价值 骆驼喜食霸王的嫩枝叶及花，羊对其花也常采食，对幼嫩枝叶少量采食，冬春也采食枝条。但牛、马一般不采食霸王，霸王开花结实期含有较高的粗蛋白质，为中等饲用植物。此外，霸王的干枯枝条可做烧柴；并为固沙植物，可阻挡风沙前进；其根亦可入药。

171-1-霸王-叶　　　　　171-2-霸王-枝

171-3-霸王-果　　　　　171-4-霸王-全株

骆驼蓬

Peganum harmala L.

别名　臭古朵。

形态特征　多年生草本。高20~70cm，多分枝，分枝铺地散生，光滑无毛。根肥厚而长，外皮褐色。叶互生，肉质，3~5全裂，裂片条状披针形，长达3cm，托叶条形。花单生，与叶对生，萼片5，披针形，有时顶端分裂，长达2cm；花瓣5，倒卵状矩圆形，长1.5~2cm；雄蕊15，子房3室。蒴果近球形，种子三棱形，黑褐色，有小疣状突起。花期5—6月，果期7—9月。

细胞染色体　$2n=24$。

地理分布　骆驼蓬分布在中国北方各地；蒙古、俄罗斯也有分布。分布于宁夏、内蒙古巴彦淖尔盟、阿拉善盟、甘肃河西、新疆、西藏（贡嘎、泽当）。生于荒漠地带干旱草地、绿洲边缘轻盐渍化沙地、壤质低山坡或河谷沙丘（达3 600m）。蒙古、中亚、西亚、伊朗、印度（西北部）、地中海地区及非洲北部也有。模式标本产于地中海沿岸，存伦敦。

饲用价值　骆驼蓬草质较粗糙，适口性差，为低等饲用植物。青草只有骆驼采食，干草骆驼仍然喜食，绵羊和山羊有时乐食，牛和马在饥饿状态下采食，但所含营养成分较高，乳熟期粗蛋白质含量可达17.25%、粗脂肪7.38%。骆驼蓬叶子揉碎能洗涤泥垢，代肥皂用，种子可入中药，功能有祛风湿、止咳定喘、治胃病。种子还可作红色染料，种子油供轻工业用。

172-1-骆驼蓬-叶

172-2-骆驼蓬-花

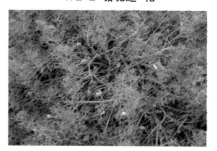

172-3-骆驼蓬-全株

172-4-骆驼蓬-种子

二十八、藜科

藜

Chenopodium album L.

别名　灰条菜、灰菜、白藜、灰藋。

形态特征　一年生草本。高30～50cm，茎直立，粗壮，圆柱形，具棱，有沟槽及红色或紫红色的条纹，嫩时被白色粉粒。多分枝，枝条斜升或开展。叶具长柄，与叶片近等长或为叶片长度的1/2，叶片三角状卵形或菱状卵形，有时上部叶呈狭卵形或披针形，长3～6cm，宽1.5～5cm，先端钝或微尖，基部楔形至宽楔形，边缘具不整齐锯齿或稍呈缺刻状，稀近全缘，上面通常无粉，深绿色，下面灰白色或淡紫色，密被灰白色粉粒。花绿色，多数花簇排列成腋生或顶生的圆锥花序；花被片5，宽卵形或椭圆形，被粉粒，背部中央绿色，具纵隆脊和膜质边缘，先端钝或微尖；雄蕊5，伸出于花被外；花柱短，柱头2，果皮与种子贴生。种子横生，双凸镜形。直径1.2～1.5mm。边缘钝，黑色，有光泽；具浅沟纹。胚环状，有胚乳。花果期5—10月。

173-1-藜-叶

细胞染色体　2n=18，36，54。

173-2-藜-花序

地理分布　藜分布遍及全球温带及热带，在我国各省区基本均有分布。主要生于路旁、荒地及田间。在甘肃全省每个地区均有分布。

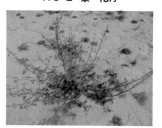

173-3-藜-全株

饲用价值　藜质地鲜嫩柔软，无特殊气味，富含水分，易消化，营养丰富，为中等饲用牧草。青鲜草，牛、羊、骆驼最喜食，马不喜食，但干草马、牛、羊均喜食。可调制成干草或青贮，作为牛、羊的冬季饲料。藜是猪的优良饲料。幼苗、嫩茎叶及种子，猪极喜食，并可终年利用，可以多次刈割，切碎，生湿喂或发酵喂均可。开花结果后，将花序连同嫩枝叶采回，切碎湿喂或青贮发酵喂。秋后将成熟的种子采回，晒干，炒熟，粉碎后，可代替精饲料。也可整株喂。但一定要注意生喂，因煮熟喂可引起中毒。灰藜含毒成分还不十分明确，据报

173-4-藜-种子

道，藜含有卟啉质。猪吃后，卟啉质进入血液，使机体细胞对日光敏感性增高，在日光照射部位产生光毒反应，引起水肿、潮红、皮下出血等。故称此病为日光性皮炎或光敏感性皮炎。种子可榨油，出油率达15%，为工业用油。嫩茎叶可以做青菜及干菜食用。全草及果实入药，能止痢、止痒，治痢疾腹泻、皮肤湿毒瘙痒。

华北驼绒藜

Ceratoides arborescens（Losinsk.）Tsien. et C.G. Ma

别名 驼绒蒿、优若藜。

形态特征 半灌木。高1~2m，枝条丛生，分枝多集中于上部，全体被星状毛。叶互生，披针形，长2~8cm，宽1~2.5cm，先端锐尖或钝，基部阔楔形至圆形，全缘，具明显的羽状叶脉。花单性，雌雄同株，雄花序细长而柔软，长6~9cm；雌花管倒卵形，长约4mm，花管裂片短，长为管长的1/4~1/5，果熟时管外两侧的中上部具4束长毛，下部有短毛。胞果椭圆形或倒卵形，被毛。花果期7—9月。

细胞染色体 2n=18。

地理分布 中国特产植物。产于吉林、辽宁、河北、内蒙古、山西、陕西、甘肃和四川等地。在甘肃主要分布在南部和河西走廊，生于固定沙丘、沙地、荒地或山坡上。

174-1-华北驼绒藜-叶

174-2-华北驼绒藜-花序

174-3-华北驼绒藜-果

174-4-华北驼绒藜-全株

饲用价值 在天然草场上，骆驼、山羊、绵羊、马四季均喜食其当年枝叶，牛采食较差。叶片经霜后也不掉落，仍能很好地宿存，是良好的放牧饲草，又是干旱地区建立半人工刈草地的良好饲用半灌木。华北驼绒藜粗蛋白质和无氮浸出物含量较高，又富含钙，从氨基酸的含量来看，以亮氨酸和赖氨酸的含量较高，其氨基酸的含量高于高粱和玉米的籽实。这对家畜、家禽蛋、乳、肉的生产较好。

西伯利亚滨藜

Atriplex sibirica L.

别名 刺果粉藜。

形态特征 一年生草本。高20～50cm，茎钝四棱形，具纵条纹。由基部分枝。全株被白粉粒。叶互生，具短柄；叶片菱状卵形或卵状三角形，基部楔形或圆形，先端钝，边缘具不整齐的波状钝齿；近基部1对齿较大，略呈裂片状。小型叶片边缘波状齿不明显或近全缘，叶上面绿色，下面密被白粉粒。花簇生于叶腋，呈团伞状，生于茎上部的形成短穗状花序。雄花花被5片，雄蕊5；雌花由2个合生苞片所包围，果时苞片膨大，呈倒卵形，具柄，中部两面凸，呈球状，具多数棘状突起，顶端具牙齿，内包卵圆或近圆形胞果。种子扁球形，红褐或黄褐色，直径2～2.5mm。花期6—7月，果期8—9月。

地理分布 蒙古、俄罗斯的西伯利亚南部、哈萨克斯坦及中亚一带有分布。中国的东北、华北、西北等地均匀分布。甘肃的河西走廊为该省主要分布区，生于盐碱荒漠、湖边、渠沿、河岸及固定沙丘等处。

饲用价值 青绿时适口性不高，秋季霜后至渐干，羊、牛乐食。骆驼乐食至喜食，尤其爱吃果实。马一般不吃。幼嫩时可喂猪。为中下等饲用植物。青绿时多食可引起骆驼肚胀，严重时可致命。这种植物在灌溉农区，半农牧区于夏秋能长成大丛，打贮干草比较容易，可做家畜冬春或荒年救荒饲草。果实可入中药，有清肝明目、祛风消肿的功效。

175-1-西伯利亚滨藜-叶子

175-2-西伯利亚滨藜-花序

175-3-西伯利亚滨藜-全株

175-4-西伯利亚滨藜-种子

四翅滨藜

Atriplex canescens（Pursh）Nutt

176-1-四翅滨藜-叶

176-2-四翅滨藜-花序

176-3-四翅滨藜-全株

176-4-四翅滨藜-种子

别名 灰毛滨藜。

形态特征 灌木。高1~2m，枝条密集，干灰黄，嫩枝灰绿，叶互生条型或披针型，全缘，长1.6~6.8cm。叶正面绿色，稍有白色粉粒。叶背灰绿粉粒较多，无明显主干，分枝多。花单性或两性，雌雄同株或异株，花期5—7月。胞果有不规则果翅4枚，果翅为膜质。种子卵形，7月下旬挂果，9月下旬成熟，种子有后熟现象。

地理分布 广布世界各大洲的温带、亚热带、干旱半干旱地区。我国引进的是美国品种，在内蒙、宁夏、青海等进行了品种栽培，在甘肃河西等地有分布并有人工栽培。

饲用价值 四翅滨藜为盐碱地优良饲草，营养成分丰富，枝叶含粗蛋白29%以上，无氮浸出物38.97%，还有积累硒的作用，从而提高了饲料质量。生物产量达每公顷15 000kg，尤其在冬春雪后枝叶不易被掩埋，从而提高了牧区抗灾的能力，是骆驼、牛、羊的"救命草"。四翅滨藜广泛用于牧场改良、防风固沙、盐碱地改造，是一种耐干旱、干冷、高寒，可以防风固沙、改造盐碱、改良牧场的饲料灌木。四翅滨藜为旱生或中生植物，喜光，不耐遮阴，不耐潮湿，根系发达，一年生露地苗根深可达3~4m，二年生根深4~6m，是植物高度的5倍左右。四翅滨藜不仅能在干旱半干旱地区生长，尤其在生态环境恶劣的荒漠、高原、盐碱荒滩上也能生长得很好，干旱、抗寒冷、在年均降水量350mm以下，极端最低温-35~-42℃，极端高温45℃，都能正常生长。而且它早期生长快。四翅滨藜是一种抗盐碱能力很强的树种，据试验观察，其在含盐量1.3%的土壤中生长良好。种植1hm²的四翅滨藜，1年能从土壤中吸收2t以上的盐分，因而它是盐碱地区适生树种的新秀。弃耕盐碱地种植四翅滨藜后，盐碱度可减少到足以种植谷物的程度。是一种盐碱地改良树种，被有些国家称为"生物脱盐器"。四翅滨藜综合利用性很强，其优点是许多树种都无法替代的，在根治沙源、治理土地沙化、防风固沙方面是首选树种。

梭 梭

Haloxylon ammodendron（C.A.Mey.）Bunge

别名　琐琐、梭梭柴。

形态特征　小半乔木，有时呈灌木状。高1～5m或更高，树冠直径1.5～2.5m。树干粗壮，常具粗瘤，树皮灰黄色；二年生枝灰褐色，有环状裂缝；当年生枝深绿色。叶对生，退化或鳞片状宽三角形。花小，单生于叶腋，黄色，两性，小苞片宽卵形，边缘膜质；花被片5，果自背部横生膜质翅。胞果半圆球形，顶部稍凹，果皮黄褐色，肉质，果皮不与种子贴生；种子横生，种子黑色，直径2.5mm。花期5—7月，果期9—10月。

细胞染色体　2n=18。

地理分布　蒙古、中亚地区也有分布。中国分布于内蒙古、甘肃、宁夏、青海、新疆等地。在甘肃主要分布于河西走廊，生于沙丘上、盐碱土荒漠、河边沙地等处。

饲用价值　梭梭是良好的饲用小半乔木，每年有落枝的习性，荒漠地区的牧民称它为骆驼的"抓膘草"。骆驼终年喜食；羊在秋末也拣食落在地上的嫩枝和果实；牛、马不食。梭梭营养期含有较高的粗蛋白质，整个生育期中含有大量盐分。梭梭是重要的固沙植物，对防风固沙、治理沙漠具有重要作用。名贵药材，肉苁蓉的寄主植物。在沙漠地区常形成大面积纯林，有固定沙丘作用，木材可作燃料。

177-1-梭梭-嫩枝

177-2-梭梭-树干

177-3-梭梭-全株

177-4-梭梭-种子

第三部分　索　引

一、中文名索引

A

阿尔泰狗娃花 / 112

阿拉善马先蒿 / 216

矮藨草 / 142

B

霸王 / 224

白刺 / 70

白蒿 / 122

白花草木樨 / 6

白花枝子花 / 200

白沙蒿 / 66

白三叶草 / 16

百里香 / 199

百脉根 / 19

冰草 / 34

波伐早熟禾 / 89

C

草地早熟禾 / 90

柴胡 / 67

朝天委陵菜 / 168

长穗偃麦草 / 37

长毛风毛菊 / 127

柽柳 / 178

臭蒿 / 120

串叶松香草 / 58

垂穗披碱草 / 29

333/A春箭筈豌豆 / 10

刺儿菜 / 131

粗壮嵩草 / 143

翠雀 / 154

D

大火草 / 158

大叶补血草 / 175

打碗花 / 190

达乌里胡枝子 / 20

地榆 / 161

东北木蓼 / 149

独一味 / 195

短柄草 / 81

钝裂银莲花 / 157

多变小冠花 / 13

多花黑麦草 / 41

多年生黑麦草 / 42

多枝黄芪 / 105

E

鹅观草 / 31

鹅绒委陵菜 / 165

二裂委陵菜 / 166

二色补血草 / 174

耳叶补血草 / 176

F

防风 / 68

风毛菊 / 126

拂子茅 / 83

G

甘草 / 103

甘蒙锦鸡儿 / 99

甘肃棘豆 / 109

甘肃米口袋 / 108

高丹草 / 26

高粱 / 24

二、拉丁文索引

第四部分　主要参考文献

巴罗菊，李志敏，陈光富，等. 2016. 3种香薷属植物染色体数目与核型分析[J]. 西北植物学报，36（5）：0923-0929.

白庆武. 1982. 甜菜染色体分带技术及其应用[J]. 中国糖料（3）：20-25.

蔡华，黄正来，乔玉强. 2006. 六种基因型草坪草的染色体核型分析（简报）[J]. 草业学报，15（6）：109-111.

常朝阳，黎斌，石福臣. 2009. 锦鸡儿属植物一些种类的染色体数目及核型研究[J]. 植物研究，29（1）：18-24.

陈宝书. 2001. 牧草饲料作物栽培学[M]. 北京：中国农业出版社，323-324.

陈光富，巴罗菊，孙文光，等. 2013. 横断山及邻近地区八种菊科植物的染色体数目及核型[J]. 植物分类与资源学报，35（3）：367-374.

陈默君，贾慎修. 2002. 中国饲用植物[M]. 北京：中国农业出版社，64-65、188-189、198-199、345-346、329-330、350-352、261-262、412-413、634-635、752-753、743-744、748-749、758-759、739-741、748-749、709、720-721、725、723、829、880-881、884-885、800-801、854-855、901-902、967、981-982、974-976、1 048-1 049、1 053、1 060、1 029-1 030、1 030-1 031、1 160-1 161、1 149、1 141-1 142、1 146-1 147、1 179-1 180、1 185-1 186、1 241、1 246-1 247、1 293-1 295、1 329-1 330、1 318-1 320、1 357-1 358、1 322-1 323、1 441-1 442、1 344-1 345.

陈彦云，曹君迈，李国旗，等. 2008. 罗布麻染色体核型分析[J]. 北方园艺（1）：200-202.

慈忠玲. 1994. 防风的核型分析[J]. 内蒙古林学院学报（2）：29-31.

崔鸿宾. 1979. 中国米口袋属的修订及其近缘新属——高山豆属[J]. 植物研究（2）：31-55.

丁连生. 2008. 甘肃草业可持续发展战略研究[M]. 北京：科学出版社，44-63.

董宽虎. 2010. 山西牧草种质资源[M]. 北京：中国农业科学技术出版社，75-76、96、183-184、192-193、204、206、114、322、218-219、383、395、401-402.

段永红，李素清，牛西午，等. 2006. 锦鸡儿属植物4个种的核型分析[J]. 植物科学学报，24（5）：413-417.

房丽琴，潘跃芝，龚洵. 2007. 唇形科独一味属和五种糙苏属植物的核形态研究[J]. 植物分类学报，45（5）：627-632.

房永雨，于肖夏，于卓，等. 2012. 低氰含量高丹草新品系主要农艺特性及染色体构型分析[J]. 草业学报，21（2）：162-170.

封伟，王海燕，王秀娥. 2010. 短柄草染色体酶解法制片技术[J]. 生物学杂志，27（4）：94-96.

甘肃省草原总站. 1999. 甘肃草地资源[M]. 兰州：甘肃科学技术出版社，77-95.

高东杰，康传红，刘丽萍，等. 2001. 栽培甜菜带有白花甜菜染色体的单体附加系系列[J]. 中国糖料（4）：5-9.

巩红冬. 2010. 青藏高原东缘藏药植物灰枝紫菀的核型研究[J]. 广东农业科学，37（3）：60-61.

郭春燕，刘果厚，贺晓. 2009. 珍稀植物蒙古扁桃染色体核型分析[J]. 东北林业大学学报，37（8）：26-27.

郭玉堂，魏凌基，阎平. 2003. 芨芨草染色体的核型分析[J]. 石河子大学学报：自科版，7（3）：55-57.

孔红. 2007. 锦鸡儿属3种植物的核型研究[J]. 西北植物学报, 27（3）：612-615.

郎奎昌, 马丽玲, 刘武林, 等.1980. 文冠果的染色体数目[J]. 林业科技通讯（4）:9-10.

李洪玲, 张爱东, 青格乐, 等. 2014. 大籽蒿研究利用现状及展望[J]. 畜牧与饲料科学（1）：46-48.

李盛贤, 刘玉明, 金炳浩. 1982. 测定甜菜染色体倍数性的一种细胞学方法[J]. 中国糖料（2）:21-23.

李双智, 何廷顺, 张大才, 等. 2013. 风毛菊属6种植物的核型分析[J]. 西北植物学报, 33（11）：2 194-2 202.

刘文程. 2010. 瑞香狼毒（*Stellera chamaejasme*）的生物学研究[D]. 哈尔滨师范大学.

刘亚辉, 孟盈, 杨永红, 等. 2011. 青藏高原六种棘豆属植物的染色体数目及核型报道[J]. 植物分类与资源学报, 33（4）：423-431.

刘玉红, 王善敏. 1994. 多枝黄芪的核型研究[J]. 草地学报, 2（1）：56-58.

牛西午. 1999. 中国锦鸡儿属植物资源研究——分布及分种描述[J]. 西北植物学报, 19（5）：107-133.

乔永刚, 王立, 宋芸, 等. 2016. 两个黄芪亚种染色体数目与核型分析[J]. 草地学报, 24（3）：699-702.

权俊萍, 夏冰, 何树兰, 等. 2010. 百里香属植物染色体分析[J].石河子大学学报：自科版, 28（1）：18-22.

宋芸, 乔永刚, 吴玉香. 2012. 6种柴胡属植物核型似近系数聚类分析[J]. 中国中药杂志, 19（8）：146-150.

邰丽华, 王铁娟, 敖登花, 等. 2012. 六种蒿属沙生半灌木染色体核型分析[J]. 内蒙古师大学报：自然汉文版, 41（4）：420-427.

汪之波, 高清祥, 孙继周, 等. 2009. 珍稀濒危植物裸果木生物学特性研究[J]. 资源开发与市场, 25（6）：481-483.

王常贵, 管绍淳. 1986. 新疆沙拐枣属的染色体地理分布[J]. 干旱区研究（2）：30-33.

王一峰, 施海燕, 高宏岩, 等. 2006. 青藏高原东五种风毛菊属植物花粉形态研究[J]. 四川大学学报：自然科学版, 43（5）：1 132-1 136.

乌云格日勒. 2010. 白沙蒿和油蒿的染色体核型分析研究[J]. 草原与草业, 22（2）：33-36.

武季玲, 李胜, 姜寒玉, 等. 2009. 麻黄属植物染色体制片技术及核型分析研究[J]. 中国中药杂志, 34（21）：2 725-2 729.

徐振东, 兰秀红, 杨曼, 等. 2016. Co-（60）-γ辐射对2种高羊茅染色体核型的影响[J]. 东北农业科学（3）：18-24.

薛恒钢. 2007. 中国大戟族（Tribe Euphorbieae）的系统分类与进化研究[D]. 成都：四川大学.

阎贵兴, 张素贞, 云锦凤, 等. 1991. 68种饲用植物的染色体数目和地理分布[J]. 中国草地学报（2）：53-60.

杨德奎, 秦月秋, 周俊英, 等. 1996. 蒺藜和白刺的染色体研究[J]. 广西植物（2）：161-164.

叶兴国. 2008. 新模式植物短柄草模式特性研究进展[J]. 作物学报, 34（6）：919-925.

张超强, 郑秀芳. 2016. 黄花补血草核型分析[J].中兽医医药杂志（1）：46-48.

张芹, 李保会, 张凡. 2013. 3种补血草属植物的核型分析[J]. 河北农业大学学报, 36（2）：65-68.

张自和. 2005. 发挥甘肃草业优势促进草业产业化与可持续发展[J]. 草业科学, 22（3）: 46-49.

张自和. 2005. 发挥甘肃草业优势促进草业产业化与可持续发展[J]. 草业科学, 22（3）: 48-51.

赵哈林. 1989. 甘肃的草地资源及其开发利用[J]. 草业科学（6）: 21-24.

郑慧敏, 毛培胜, 黄莺, 等. 2015. 牧草染色体核型和带型分析研究进展[J]. 草地学报, 23（1）: 14-20.

中国科学院中国植物志编辑委员会. 中国植物志[M]. 北京: 科学出版社.[DB/OL] FRPS《中国植物志》全文电子版网站: http://frps.eflora.cn/: 1977《中国植物志》第65（2）卷194、358、480; 1978《中国植物志》第67（1）卷015、144、474; 1979《中国植物志》第64（1）卷047, 第67（2）卷374, 第75卷197; 1983《中国植物志》第76（1）卷112; 1985《中国植物志》第74卷075, 第37卷247; 1986《中国植物志》第38卷016; 1987《中国植物志》第9（3）卷326, 第78（1）卷: 86、172, 第60（1）卷042; 1990《中国植物志》第50（2）卷157、164; 1991《中国植物志》第76（2）卷105; 1997《中国植物志》第44（3）卷125、80（1）卷243页; 1998《中国植物志》第42（2）卷019、160; 1999《中国植物志》第78（2）卷038、047; 2002《中国植物志》第9（2）卷221.

周江鸿, 赵素珍, 漆小泉. 2011. 短柄草与麦类作物的比较基因组学研究进展[J]. 植物生理学报, 47（5）: 421-426.

周其兴, 杨永平, 张明理. 2002. 锦鸡儿属植物14个种类的核型[J]. 植物研究, 22（4）: 492-496.

宗秀虹, 邓洪平, 黄琴, 等. 2016. 重庆市缙云山黄芩属植物的核型及进化趋势分析[J]. 中国中药杂志, 41（12）: 2 201-2 207.